U0020631

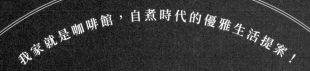

我家就是咖啡館，自煮時代的優雅生活提案！

一人食光
Cooking Alone

小廚房也能輕鬆做
50 道好吃又好拍
兼顧健康又暖心的輕食料理

曲文瑩
Daphne Chu

著

積木文化

興趣、熱情、創意

張仲侖

EIC 義大利咖啡冠軍大賽
世界冠軍

推薦序

foreword

剛認識文瑩的時候，她還沒有動手做料理的習慣，但現在，已經可以出一本食譜了。

你可能會想：「我為什麼要買一本平面設計師出的食譜書？」

當然，我也不想老王賣瓜，這邊引用電影的對白：「料理非難事（料理鼠王），只要用心，人人都是食神（食神）。」很多美食被創造出來，是因為興趣、熱情、創意這三個極重要的因素。

以前我的咖啡店裡有販售自製的甜點，所以我對甜點一直都很有興趣，我們時常跑咖啡館和甜點店，而且是會邊吃邊認真討論視覺、風味、口感的那種，後來因為她覺得市售的甜點大部分都太甜，於是就開始自己在家試做減糖版本的甜點，這一做就點燃了甜點魂，而且每次都會挑戰比上次難度更高的甜點，我也會很無情地給予一些客觀評價，但不吹不黑，她做的馬德蓮是我至今吃過最好吃的。

蛻變繼續，因為在家工作、想吃的健康，又碰上疫情，文瑩也開始做一些鹹食料理，這一做又開啟了料理魂。我哥和她爸都是專業的廚師，所以我們平常就會看一些國外的廚藝競賽節目，作為一種紓壓的方式，潛移默化中學習到了很多食材的處理、風味搭配、排盤等等，並在日常的料理中實踐，當然最重要的，是她喜歡且享受料理的過程和結果，加上身為設計師發散性的創意思考方式，以及對風味的要求，就這樣開始累積出了一道道有創意、視覺觀賞性和獨創風味的料理。

這本書不是要讓你成為專業廚師，而是希望分享一人食光的滿足，也希望讀到此書的你，能啟發更多料理的動力與靈感。

張仲侖

CQI Q Arabica Grader 國際咖啡品質鑒定師
SCA 國際精品咖啡協會咖啡師專業級認證、咖啡萃取
中級認證、咖啡烘焙專業級認證
2009 年 WBC 世界咖啡大師競賽 台灣區 冠軍
2018 年 EIC 義大利咖啡冠軍大賽 世界冠軍
現任 CoCo 都可中國區咖啡主理人

著作《咖啡王子帶你 Café 上癮》

有故事的料理

張秋永

型男大主廚／料理123
Titan's 世界 kitchen

推薦序
foreword

認識文瑩,要從我的第一本書問世開始說起,她是我的美術設計,沒錯,是美術設計,在這十幾年當中,我只知道她可以把書編排得非常精美,卻不知道原來也這麼會做菜!

我們是臉書好友,她時常PO與貓有關的動態,只知道她是個愛貓人士,直到疫情爆發後,大家都不能外食,她便開始PO一些自己做的料理,每張照片都非常美,再加上一些簡單的文字,便讓這些料理多了點故事,非常吸引人!那時,我就開始特別注意她了,沒想到,觀察了3個多月,居然沒有一道料理是重複的!鹹點、甜點、三明治、主食等,非常的多元,連我這個專業的料理工作者都沒辦法做到,我太太也說,你有空多看看文瑩的臉書,她做的比你漂亮多了!雖然當下很不是滋味,但不得不說,她的料理都做得非常到位,一點也不馬虎。

有一位名攝影師跟我說過,其實專業廚師的食譜是最難學的,因為師傅們為了顯現專業,喜歡把菜弄得很複雜,一般人根本很難複製,對消費者來說,一點也不實用;反觀興趣是做菜的人,很了解一般人在廚房會碰到的問題,所以會想辦法讓過程簡化,因此對於想在家做菜的人來說,這類書其實比較實用。

現在想學做菜,隨便上網就有一堆影片或食譜可以觀看,我問文瑩,那還有買書的必要嗎?她的答案是肯定的!她說,雖然現在資訊發達,但所有訊息五花八門,雜亂無章,根本不知從何看起,而書,就是把這些資料,經過彙整編排之後,去蕪存菁!所以,如果你想自己動手做菜,那就翻開這本書,跟著文瑩,好好享受一人食光吧!

張秋永
王朝大酒店 Sunny Buffet 副主廚
三立都會台「型男大主廚」客座主廚
料理123 網路平台「Titan 從餐桌出國去」單元主廚

著作《行腳主廚,秋永的世界廚房》、《都會廚男 Titan 的廚房》、《義式主廚農家上菜》、《味蕾旅行》

場地提供：深杯子概念店 La Copa Oscura

療癒食光
從自己的餐桌開始

自小家裡是開餐廳的，每逢假日就會特別忙碌，因為人們總算可以休息不用下廚了；而現在不分平日假日，一到飯點，熱門餐廳總是人滿為患，似乎大家都不太進廚房，轉而投向外食的懷抱了。

過去我也是如此，因為工作忙碌，三餐總是很隨意的透過外食解決，也許因為當時還年輕，體力好、代謝快，也不太在意每天吃了些什麼，後來逐漸發覺長期外食對身體造成的負面影響，如口味會越養越重、越吃越油膩，且難以做到均衡飲食。

由於逐漸意識到飲食對健康的重要性，我開始盡量避開油膩的便當、多吞點維他命、減少下午茶聚餐的次數，以為這樣就能追上健康的腳步，但顯然遠遠不夠彌補長年偏食累積的營養失調；由於一場疫情的發生，天天宅在家裡防疫，反倒逼迫著我重新走進廚房，為自己下廚料理，開始注重與記錄每日的飲食。

有多在意一件事，就願意花多少時間

我的職業是平面設計師，成天坐在電腦前，工作一忙起來，往往一回神就恍如隔世。以前我的觀念是：「要起床吃早餐，不如多睡一個鐘頭；要進廚房花時間煮飯不如點外送，還能再多做幾頁設計稿。」生活總是在匆忙之中度過，即便是明白自己下廚的好處，但依舊沒辦法說服自己擠出時間親自煮一頓飯。

後來是如何養成幾乎天天自己下廚、同時也兼顧忙碌的工作呢？答案其實很老派──「你的思考，決定了事情的發展！」當你格外重視一件事情時，即使沒有旁人的催促，你也願意花時間在它上面，所以料理是一件麻煩事？還是充滿療癒身心的事呢？取決於你如何看待它了。

飲食就像加減法

我們都知道人體每日需要三大營養素──蛋白質、碳水化合物與脂肪，我會建議盡量每日三餐都要吃到這三類，現在有很多飲食記錄APP，方便做營養記錄，讓你在料理這件事上，多了更有效的參考資料。不過即便一天的熱量吃得夠，也不代表吃得健康無虞，例如：只吃麵包、水果與沙拉，就算一天只攝取1300大卡，在缺乏

我特別注重氛圍感！
會在精心烹調料理後，選配家中相宜的餐具，
讓每天的餐桌都呈現不同的風景。

足夠的蛋白質與好油脂的條件下，也不能算是合格的健康飲食。

當你開始養成經常料理的習慣時，透過親自採買食材、搭配餐點、計算熱量等，一段時間後，大概也能簡易抓出自己一日所需的營養與熱量分配了，例如：早、午餐都已經吃過雞蛋了，晚餐也許就可以從豆類或魚類中攝取優質蛋白質；或是當天有下午茶聚餐，早上就做一份低卡早餐。如此調整，穩定總熱量的攝取，並盡量均衡分配在三餐，降低突然暴飲暴食的機會，掌握自己的體重變化。

美食本身就能療癒人心

料理過程中，雖然會注意熱量的攝取，但美食本身就自帶療癒作用，偶爾來份奶油小蛋糕其實也不算太過分，平時我會盡量多吃些低卡的食材，如：南瓜、地瓜、雞胸肉等，偶爾再來份減糖版的美味甜點。

我的料理啟蒙之路，其實是從甜點開始。韓國的爺爺家是經營傳統中式糕點的百年老鋪，從小我就喜歡跑去廚房偷拿糕餅吃。因此，長大後，我一直對於中式糕

點、西式烘焙深感興趣，也不斷反覆嘗試，用減油減糖的方式來製作美味不減的甜點。本書的食譜是以符合吃得開心，也讓身體健康為目標，提供減糖後還是很好吃的配方分享給大家，雖然說吃得健康是一個目的，但仍然希望端上桌的餐點，也能同時兼顧視覺與美味，以視覺可見的療癒感受，讓食材發揮它最大的特色。

一份能療癒人心的料理，除了滿足基本營養條件外，擁有好看、出色的外形與擺盤也很重要，有接近七成的八〇、九〇後，在用餐前會先幫食物拍下照片，並發布到社交軟體上。所以說，好看的食物更能引起注意，花點時間將食物擺盤得更美也是挺值得的一件事。而且我又是特別注重氛圍感的人！喜歡研究食材本身的形體、顏色等，並在精心烹調後，選配家中相宜的餐具，讓每天的餐桌都呈現不同的風景。

你現在是一個人生活嗎？又或者因為各種原因，獨自生活著，無論當下的狀態如何，希望大家都能透過本書，開始建立起正確的飲食習慣，花點巧思，為自己營造生活的情調與樂趣，盡情享受專屬自己的美好食光吧！

準備器具 & 材料

料理過程中，最重要的就是器具的選擇。以下介紹我最常用的料理與烘焙器具：

料理盆

製作烘焙或備料時，可選擇穩固且順手的料理盆。不同容量各有不同料理用途，如深度略高的，在高速攪拌時不易濺出，亦可作為沙拉盆使用。

可勾掛濾網／粉篩

粉類過篩的必備工具。可選用帶有勾掛，附把手的粉篩，方便於掛在調理盆上輕鬆過篩。依照需求可選用不同大小的網眼，如細孔的細篩，可用來過篩糖粉、可可粉等。

耐熱矽膠刷／羊毛刷

矽膠刷：可刷油、濃稠的醬料等，容易清洗保持乾淨。羊毛刷：柔軟強韌且不易掉毛，適用在刷蛋液或果膠等。

刮板

用於切割麵團、刮削麵糊。

醬汁鍋

製作果醬、煮醬汁、鍋煮奶茶等。

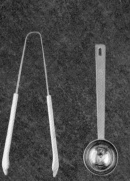

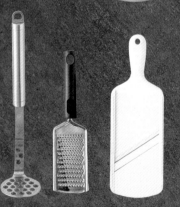

料理夾／量匙

料理夾：選擇輕巧好拿的尺寸，適合各種料理用途，如為食材翻面、混拌沙拉、夾取烤爐的餅乾等。量匙：烹飪時快速測量液體或糖、粉類的分量，有多種尺寸選擇。

搗泥器／刨刀／切絲器

搗泥器：能將食材壓成泥，適用於馬鈴薯、地瓜、南瓜、山藥等蔬果。刨刀：用於檸檬皮、乳酪、巧克力等，可刨出細屑狀。切絲器：可將蔬菜、胡蘿蔔等蔬果削成細絲狀。

刮刀／打蛋器

作為料理或是烘焙，兩者使用頻率都很高。刮刀：可俐落的切拌麵糊。打蛋器：用來攪拌液體類或是有黏性的材料，如雞蛋、麵糊等。

烘焙模具

市面上烤模種類琳琅滿
目,可針對不同的蛋糕,
選擇適合的尺寸與款式。

電子秤

建議購買可同時計時與秤
重功能,且最小計量單位
0.1g 的電子秤。

葡萄酒／橄欖油

葡萄酒:作為佐餐酒之外,
亦常用於烹飪。冷壓初榨橄
欖油:除了可清炒煎煮、沾
麵包、涼拌沙拉,也能作為
烘焙用的植物油。

擀麵棍／麵包刀

擀麵棍:用於需要碾壓、延展用的
糕點麵包,如餅乾、司康、塔派皮。
麵包刀:鋸齒狀的刀面,能輕鬆分
切麵包吐司、蛋糕等。

烘焙紙／不沾布

皆用於防沾用途。不沾布為
玻璃纖維材質,有耐熱、抗
黏等特性,可重複使用。

珍藏咖啡杯

美麗的咖啡杯是餐桌上最吸
晴的風景,可依不同的咖啡
與餐點選擇最合適的杯款。

玻璃密封罐

密封罐可以隔絕空氣,適用於存放
各種食物,如果醬、乾糧等。

砂糖

有紅糖、黑糖、黃砂糖、白砂糖、
糖粉等,其中白砂糖用途最廣泛。

義式摩卡壺

義大利百年經典摩卡壺,八
角設計經典款式,能在家輕
鬆煮出香濃的義式咖啡。

手搖磨豆機

輕巧的外觀,攜帶外出或露營
都適用,研磨出的咖啡粉能同
時滿足手沖與義式的愛好者。

麵粉／玉米粉

高筋麵粉:多用於麵包烘焙。中筋麵粉:用途
最廣,如中式麵食、糕餅等。低筋麵粉:用來
製作餅乾、蛋糕等。玉米粉:能產生輕酥的口感。

Contents

✦

目次

Chapter *1*

甜味佳餚 *Sweet*

Chapter *2*

鹹味餐食 *Savoury*

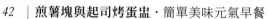

Chapter *3*

烘焙甜點 *Dessert*

＊書中一人份的料理，可依需求人數為倍數調整。

1

甜味佳餚
Sweet

◆

12道減糖低卡的甜口味餐點，
高顏質又氛圍感十足，
依照心情與口味，無論是早餐、點心時刻，
隨時為自己製作一份微甜餐點吧！

1

軟糯香甜輕鬆做

山藥紅豆餅

回味起古早味點心，
首先想到的就是萬年不敗的紅豆餅，
少了大量麵粉的鍋煎山藥紅豆餅，外皮依舊煎得香酥，
配上自製低糖紅豆泥，剛剛好的甜蜜滋味。

———————— *Yam Red Bean Cake* ————————

材料（4 片）

紅豆泥＊…100g
山藥…200g
白砂糖…10g
糯米粉…40g
中筋麵粉…10g
熟芝麻…適量

事前準備

• 製作紅豆泥

1　山藥削皮切小塊，用電鍋蒸熟。

2　將作法〔1〕蒸熟的山藥用壓泥器搗成泥，加入砂糖，攪拌均勻，過篩一次留下細滑的山藥泥。

3　糯米粉與麵粉一起倒入作法〔2〕的山藥泥中，用刮刀壓拌混合，再用手揉成麵團。

4　砧板上撒些麵粉，將作法〔3〕的山藥麵團移至砧板上，以刮板切出四等份，用手搓成圓球，再將事先做好的紅豆泥分成四顆小圓球備用。

5　用手將山藥麵團中間壓洞，放入紅豆泥內餡包裹起來，接著用手掌輕輕的按壓，表面撒上熟芝麻。

6　平底鍋刷上油，放入作法〔5〕，以中小火煎至兩面金黃上色即完成。

＊紅豆泥作法請參見 P.21。

memo

山藥的品種很多，有適合涼拌生食的日本山藥、煮湯的人蔘山藥、含花青素的紫色山藥，曬乾作為中藥材的淮山藥等。此處使用的品種為白皮削山藥，外型為長棍棒型，皮色為黃褐色，適合熟食或加工料理。另外，因為山藥的黏液含有植物鹼和皂角素等成分，直接接觸皮膚可能造成刺癢、紅腫的狀況，建議可以戴上手套再進行削皮。

2

健脾顧胃好搭檔
藕粉糰子紅豆烤吐司

用山藥與蓮藕粉搓成的小丸子，
圓滾滾的外形可愛又討喜，
蓮藕淡淡的香氣吃起來有如芋圓，
沾上桂花與蜂蜜更是美味可口。

—— *Toast with Lotus Root Ball & Red Bean* ——

材料（1 人份）

山藥…120g
蓮藕粉…20g
蜂蜜…適量
紅豆泥＊…適量
厚片吐司…1 片
桂花…少量

事前準備

• 製作紅豆泥

1　山藥削皮切小塊，用電鍋蒸熟。

2　將作法〔1〕蒸熟的山藥用壓泥器搗成泥，加入蓮藕粉，攪拌均勻。

3　將作法〔2〕用手捏揉成團，再取適量搓成小圓球。

4　燒一鍋滾水，將作法〔3〕放入鍋中煮至浮起，再撈出來立即過冷水。

5　將作法〔4〕的小糰子淋上蜂蜜，吐司進烤箱稍微烤一下，取出吐司抹上紅豆泥、擺上作法〔4〕的小糰子，最後撒點桂花裝飾即完成。

＊紅豆泥作法請參見 P.21。

memo

藕粉就是蓮藕粉。蓮藕的營養價值高、熱量低，蓮藕、山藥、紅豆皆具有健脾益胃的功效，三者搭配在一起非常合適，同時也都是低卡食材，減脂期可以多加選擇。

3

回歸質樸的美味
紅豆奶油小圓法

這是一款經典的紅豆奶油麵包，
手炒低糖的日式紅豆泥，與鹹香奶油交融在一起，
外酥有嚼勁的小圓法麵包，呈現質樸簡單的好滋味。

———— *Butter Bun with Red Bean* ————

材料（1人份）

• 紅豆泥（500g）
紅豆…200g
水…600ml
三溫糖…50g
蜂蜜…20g
植物油…20ml

小圓法麵包…2 顆
有鹽奶油…適量

1　前一晚將紅豆以清水洗淨，放到密封盒中泡水，水要蓋過紅豆，放置冰箱冷藏一晚。

煮紅豆

2　倒掉浸泡紅豆的水，清洗紅豆，將紅豆倒入鍋盆中，內鍋加600ml的水，外鍋放2杯水，待電鍋跳起後，繼續悶蒸半小時。

＊悶蒸後的紅豆，呈現一捏即粉碎的程度。

3　煮好的紅豆鍋中仍然留著許多水分，剩餘的水分越多，最後在炒紅豆步驟的時間就會越長。先撈出部分的紅豆水備用。

4　接著倒入三溫糖、蜂蜜，與煮好的紅豆混合拌勻，再用湯匙撈出一半的紅豆顆粒，預留備用。

＊喜歡豆泥口感多一點，就增加磨豆泥的分量，喜歡紅豆顆粒感多一點，就減少磨豆泥的分量。

磨豆泥

5　取一半作法〔4〕的紅豆，倒入食物調理機中（或果汁機），攪打成細緻泥狀，攪打過程中如果太乾無法攪打均勻，可分次加入作法〔3〕預留的紅豆水，幫助充分攪拌成泥狀。

炒紅豆

6　準備一個不沾鍋，鍋中倒入作法〔5〕的紅豆泥，再將作法〔4〕預留的紅豆顆粒，一起加入鍋中，開中小火，用耐熱刮刀或木匙以畫圓方式翻炒。

7　翻炒過程中分次倒入植物油，試試味道，如果覺得不夠甜，可以補加砂糖或蜂蜜，炒到水分約8～9成乾，刮刀在翻炒時感覺阻力增加，紅豆泥能隨著刮刀成團時，即可關火。

＊請留意火侯大小與翻炒時間，整個炒紅豆過程約10分鐘左右，火太大或是炒過久容易產生焦味。

8　將炒好的紅豆泥放涼，收到乾淨的玻璃罐中，冷藏或冷凍皆可。

＊建議冷藏不超過三天，炒好的紅豆泥中仍然含有水分，容易發霉，可以用保鮮膜將紅豆泥分裝包成一次用量的小球，裝在密封袋冷凍備用，需要的時候只需微波加熱即可。

組裝麵包

9　小圓法麵包從右上往左下斜切開不切斷，塞入一片有鹽奶油，再挖一湯匙煮好的紅豆泥，填入麵包內，盡量填滿一點，再用奶油刀刮齊整理表面。

memo

• 紅豆平價、營養價值又高，市面上可以輕易買到。其用途廣泛，不論拿來和白飯一起煮、煮湯、做甜點等，都很可口。炒一鍋低糖紅豆泥保存在冰箱，搭配吐司麵包，或是做成點心內餡，都是不錯的選擇。

• 紅豆冷藏時間一久，質地會漸漸偏乾，但只要在加熱過程中加入無味冷壓椰子油，或是一小片奶油拌開即可。

4

重溫法式經典雋永滋味
經典法式吐司

外觀精緻的法式吐司，起初是為了避免浪費，將擺久的麵包，
加入雞蛋、牛奶等進行加工，成為一道新的料理。
由於需要經過長時間浸泡，除了一般吐司之外，
也適合選用質地偏硬的法棍麵包來製作。

———— *French Toast* ————

材料（1 人份）

法棍麵包…4 片
雞蛋…1 顆

ⓐ
黃砂糖…15g
香草莢或香草精…適量
肉桂粉…適量

ⓑ
牛奶…60ml
鮮奶油…20ml

無鹽奶油…10g
蜂蜜…適量
糖粉…適量

• 裝飾水果
香蕉…半根
覆盆子…適量
藍莓…適量

1　法棍麵包切成四片，厚度約在3～4公分。

2　碗中打入雞蛋，打散，加入ⓐ攪拌，接著再倒入ⓑ混合均勻。

3　將作法〔1〕切好的麵包放到作法〔2〕的淡奶醬裡，至少浸泡半小時。

4　奶油放入平底鍋，將作法〔3〕浸泡完成的麵包小心地放入鍋內，用小火慢煎到微微焦糖色，麵包四周每一面都要煎到。

5　煎完成的麵包擺入盤中，撒上糖粉，擺上水果裝飾，淋上蜂蜜即完成。

memo

好吃的法式吐司外脆內軟，浸泡與鍋煎的時間是美味的關鍵。若改用吐司製作，須注意吐司片的厚度，太薄的吐司，浸泡時間不宜太長，以免泡到軟爛；而太厚的吐司，蛋液難以浸泡完全；3～4公分的厚度是最恰當的。

5

過剩麵包的華麗變身
蘋果肉桂吐司布丁

蘋果與肉桂是天生的靈魂伴侶，
烘烤時不斷散發出溫暖的香氣，
溫熱的烤蘋果，配上柔軟順口的吐司布丁，
淋上楓糖漿或蜂蜜，作為早餐或甜點都美味。

—— Apple Cinnamon Bread Pudding ——

材料（1 人份）

厚片吐司⋯1 片
蘋果⋯1 顆
穀物麥片⋯適量
雞蛋⋯1 顆
ⓐ 牛奶⋯100ml
香草精⋯適量
肉桂粉⋯適量
楓糖漿或蜂蜜⋯適量

事前準備

• 烤箱預熱至 180 度

1 蘋果對半切分成兩份，一份保留果皮切成薄片、另一份去皮切小塊。

2 吐司切成小方塊，備用。

3 碗中打入雞蛋，打散，倒入ⓐ，混合攪拌均勻。

4 烤盤中先倒入一半作法〔3〕的蛋奶液，擺上作法〔2〕的吐司塊、作法〔1〕的蘋果丁，撒上穀物麥片，再均勻地淋上剩下的蛋奶液，讓每塊吐司都浸濕。

5 將作法〔1〕的蘋果薄片，整齊地鋪在作法〔4〕上面，在蘋果薄片上撒點肉桂粉，放入烤箱，以180度烘烤20分鐘。

6 取出作法〔5〕，在表面淋上楓糖漿或蜂蜜即完成。

memo

蘋果本身已有甜度，所以蛋奶液中不需額外加砂糖。熱騰騰剛出爐的吐司布丁，淋上楓糖漿或蜂蜜會有很好的提味作用，用量可以依照個人喜好增減。

6

吃得到花生醬夾心
咖啡花生醬吐司布丁

這道吐司布丁滿載了香濃與香醇的元素，
香濃花生夾心吐司，淋上香醇咖啡蛋奶醬汁，
加入香蕉再撒上可可碎、杏仁片，
低卡又美味，喜歡咖啡口味的你絕不能錯過。

Coffee Peanut Butter Bread Pudding

材料（1 人份）

全麥吐司…1 片
花生醬…適量
雞蛋…1 顆
ⓐ 牛奶…80ml
　 濃縮咖啡…40ml
燕麥片…適量
可可碎…適量
杏仁片…適量
香蕉…1 根
堅果…適量
椰絲…適量

事前準備

• 烤箱預熱至 180 度

1　用摩卡壺煮出一小杯濃縮咖啡*，放涼備用。

2　全麥吐司對切，一面抹上厚厚的花生醬，蓋上另一半吐司，再切成小方塊。香蕉切片，備用。

3　碗中打入雞蛋，打散，倒入ⓐ，混合攪拌均勻。

4　烤盤中先倒入一半作法〔3〕的咖啡蛋奶液，擺上作法〔2〕的花生夾心吐司以及香蕉片。再均勻淋上剩餘的咖啡蛋奶液，讓每塊吐司都浸濕。

5　撒上燕麥片、少許可可碎、杏仁片裝飾，放入烤箱，以180度烘烤20分鐘。

6　烤出爐的吐司布丁，可依照個人口味，再加一小匙花生醬，撒上可可碎、堅果、椰絲即完成。

＊濃縮咖啡作法請參見 P.94。

memo
香蕉含有豐富的蔗糖、果糖和葡萄糖，能為咖啡吐司布丁帶來天然的甜味。而燕麥片、堅果、花生醬，也都能提供健身減脂期滿滿充沛的能量。

健康 Yoga

一週經絡瑜伽

2021.02暖心上市

世界紅茶品飲與沖泡入門

生活 Black tea & milk tea

世界紅茶品飲與
沖泡入門

自我成長 Movie & drama

你本來就會編劇

生活 wine

成為侍酒師的
5堂必修課

料理 Breakfast & lunch

是早餐也是便當

料理 Dessert

法式經典
百分百香草千層

我的每日生活指南
Daily To-Do List

☐ Breakfast & lunch
起床一定要記得吃**早餐**！
　　　　　　也順便把**午餐**做一做吧～

☐ Movie & drama
邊吃飯邊看**電影**，激發**創作靈感**吧！

☐ Yoga
一整天都在吃，應該來練個**瑜伽**了 XD

☐ Dessert
剛好**下午茶**時間到！來手作個**千層派**吧

☐ Wine
晚餐時間到～餐桌上怎麼能少了**葡萄酒**呢！

☐ Black tea & milk tea
吃完飯後來喝個**紅茶**，消解口中油膩

☐ Online course
睡前來學習吧！為了成為更好的自己而努力

➡ 翻到背面了解更多"品味生活"的**線上影音課程**
　　不用出門、還可重複收看，在家就可以輕鬆學習！

7

英式午茶的主角
英國女王司康

復刻前英國皇室主廚公開的司康配方，
司康——傳統英式下午茶的主角，
抹上喜愛的果醬、奶香四溢的Clotted Cream，
沏上一壺上等紅茶，享受正統優雅的英式下午茶。

British Scone

材料（6～7顆）

直徑 6cm 圓形切模

中筋麵粉…210g
泡打粉…8g
鹽…1 小撮
無鹽奶油…60g
白砂糖…30g
雞蛋…1 顆
牛奶…90ml
草莓果醬…適量
德文郡奶油…適量
（Clotted Cream）

事前準備

• 無鹽奶油冷凍 30 分鐘
• 烤箱預熱至 170 度

1　料理盆中倒入砂糖、鹽、泡打粉，再倒入過篩的麵粉一起混合。

2　冷凍的無鹽奶油切成小塊狀，倒進作法〔1〕中，用指尖不斷按捏，將麵粉與奶油搓成細屑狀。

3　碗中打入雞蛋，打散，取25g的雞蛋液倒入作法〔2〕中，用刮刀輕柔簡單地拌勻。

4　將牛奶分批倒入作法〔3〕中，用刮刀大致混拌後，接著用手揉捏成麵團，不需要過度攪拌，只要能成團即可。

5　砧板上撒少許麵粉，將作法〔4〕的麵團移到砧板上，用刮板對切成兩塊，將兩塊麵團上下交疊一起，用手掌輕拍壓麵團，再對切兩塊，上下交疊用手輕壓，接著用擀麵棍擀至厚度約2.5公分。

6　用圓形切模將麵團壓出圓塊，表面刷上作法〔3〕中剩下的蛋液，放入烤箱，以170度烘烤30分鐘即完成。

＊用切模切麵團時，請垂直切下再直接拿起，盡量不要左右轉動切模，這樣司康的外型會比較漂亮。另外，可在切模內抹上少許麵粉，防止沾黏，並幫助順利脫膜。

memo

製作美味司康的關鍵是：奶油、牛奶、雞蛋都維持在冰冷的狀態。若天氣較炎熱，可以把揉好的麵團用保鮮膜先包好，放入冰箱約半小時，再拿出來整形切割。

8

黑森林蛋糕口味

櫻桃可可優格燕麥杯

嘴饞想吃點低卡點心時，來一杯健康版黑森林蛋糕口味的燕麥優格吧！

— Cherry Cocoa Oatmeal Yogurt Parfait —

材料（1 人份）

櫻桃…6 顆
無糖優格…150g
即食燕麥片…30g
可可粉…3g
櫻桃果醬…適量

1　4顆櫻桃對切去核，備用。

2　取一半優格加入可可粉，混合均勻，備用。

3　即食燕麥片倒入杯底，將作法〔1〕的櫻桃，沿著杯緣擺放一圈。

4　在作法〔3〕中放入作法〔2〕的可可優格，再鋪上一層櫻桃果醬，繼續放入剩餘的原味優格，最後擺上2顆櫻桃裝飾即完成。

9

迷人的焦糖香氣

櫻桃可可煎香蕉吐司

焦糖香氣的煎香蕉，搭配櫻桃可可優格，雙重美味的吐司新吃法。

—— Cherry Cocoa banana Fried Toast ——

材料（1 人份）

全麥吐司⋯1 片
櫻桃⋯3 顆
香蕉⋯1 根
黃砂糖⋯適量
無糖優格⋯1~2 大匙
可可碎⋯適量
胡桃⋯適量

1　櫻桃對切去核，香蕉橫切開並撒上黃砂糖，胡桃切細碎，備用。

2　平底鍋加入橄欖油，將香蕉切平的那面先下鍋，煎至金黃上色即可。

3　吐司放進烤箱烤至酥脆上色。

4　在烤吐司上放作法〔2〕的煎香蕉、一匙優格，再放上作法〔1〕的櫻桃，最後撒上可可碎、胡桃碎即完成。

10

酥脆外邊與柔軟內裡
荷蘭寶貝鬆餅

雖然被稱為荷蘭寶貝鬆餅，但其實是美國人發明的料理，
其靈感來自於德國烤爐上的鐵鍋鬆餅。
無論是荷蘭寶貝或德國寶貝，
這道美味的鬆餅都讓美食無國界之分！

———————— Dutch Baby Pancake ————————

材料（1 人份）

雞蛋⋯1 顆
中筋麵粉⋯30g
白砂糖⋯10g
牛奶⋯50ml
香草精⋯2ml
無鹽奶油⋯10g
糖粉⋯適量
蜂蜜⋯適量

• 裝飾水果
香蕉⋯適量
草莓⋯適量
藍莓⋯適量

事前準備
• 烤箱預熱至 210 度

1　在鑄鐵鍋內放上一片無鹽奶油，移至烤箱內，以210度預熱10分鐘。

2　碗中打入雞蛋，打散，加入過篩的麵粉，充分混勻至無結塊。

3　在作法〔2〕中倒入砂糖、牛奶、香草精，攪拌均勻。

4　從烤箱取出預熱後的鑄鐵鍋，迅速地倒入作法〔3〕的麵糊。

5　放進烤箱，先以210度烘烤15分鐘，再以150度烘烤4～5分鐘。

6　鬆餅在烘烤過程中會膨脹得很高，出爐之後會再慢慢回縮，擺上喜愛的水果，撒上糖粉、淋上蜂蜜即完成。

memo

荷蘭鬆餅的吃法口味變化眾多，配上培根、太陽蛋、蘆筍等就是鹹口味；配上新鮮水果、冰淇淋、蜂蜜等就是甜口味，可依照喜好自由搭配。

11

免油炸中式點心
南瓜芝麻球

每次吃港式飲茶必點的點心，
趁著當季南瓜盛產，動手做出健康的南瓜芝麻球吧！
少了油炸的高熱量，能安心享用的低卡小點心，
一顆接一顆，外酥內軟的口感真是越嚼越香甜。

———— *Pumpkin Sesame Ball* ————

材料（8 顆）

南瓜…150g
白砂糖…10g
糯米粉…120g
紅豆泥＊…80g
熟白芝麻…50g

事前準備
• 製作紅豆泥
• 烤箱預熱至 180 度

1　南瓜削皮切小塊，用電鍋蒸熟。

2　將作法〔1〕蒸熟的南瓜用壓泥器搗成泥，加入砂糖、糯米粉，用刮刀壓拌均勻，再用手混合揉成麵團。

3　將作法〔2〕的南瓜麵團切割成8等份，用手搓成圓球狀；紅豆泥分成8份搓成小圓球。

4　用手將南瓜麵團中間壓洞，將紅豆泥包在南瓜麵團中。

5　熟白芝麻倒入盤中，放入作法〔4〕的南瓜球，均勻沾上白芝麻。

6　烤盤鋪上烘焙紙，擺上作法〔5〕的南瓜芝麻球，放進預熱180度的烤箱，烘烤20分鐘。

＊紅豆泥作法請參見 P.21。

memo

內餡可以選擇的食材非常多，比如放入莫札瑞拉起司，香味濃厚，咬一口還會拉絲，也是大力推薦的鹹口味版。

12

蓬鬆又柔軟

黑芝麻山藥抱抱捲

用黑芝麻、山藥替代傳統鬆餅粉，
山藥泥取代了鮮奶油，
配上香甜的水果，就是顏值與健康兼具的抱抱捲。

───── *Sweet Sesame Yam Wrap* ─────

材料（1 人份）

• 山藥奶油
紫心番薯…30g
山藥…100g
牛奶…10ml
白砂糖…10g

• 黑芝麻山藥鬆餅
山藥…100g
黑芝麻醬…10g
雞蛋…1 顆
蜂蜜…10g
水果…適量

山藥奶油

1　山藥與紫心番薯削皮切小塊，用電鍋蒸熟。

2　將作法〔1〕放入食物調理機中，倒入牛奶、砂糖，打成
　　細緻泥狀。

3　將攪打好的作法〔2〕裝入擠花袋備用。

黑芝麻山藥鬆餅

4　新鮮山藥削皮切小塊，放入食物調理機中，打入一顆雞
　　蛋，加入黑芝麻醬、蜂蜜，全部攪打成糊狀，裝入擠花
　　袋備用。

5　不沾鍋不刷油，開中小火，鍋中擠入作法〔4〕的麵糊，
　　等待鬆餅底部可以輕易移動時再翻面煎熟。

6　煎好的鬆餅彎成C字型，一手握著鬆餅，另一手在鬆餅
　　中間擠上作法〔3〕的山藥奶油，最後放上喜愛的水果裝
　　飾即完成。

＊作法〔5〕擠麵糊至鍋內時，請保持垂直於中心點不移動，麵糊就會自
動流動成漂亮的圓形。

memo

口感細膩的山藥奶油，看起來就如同鮮奶油一般。若買不到紫心蕃薯，也可以在食品烘焙店買自己喜歡的蔬果粉，如：
南瓜粉、紫薯粉、甜菜根粉等，做成五顏六色的山藥奶油，健康好吃又賞心悅目。

2

鹹味餐食
Savoury

◆

20道風味豐富的鹹口味餐點，
一人食也要吃得精緻滿足，
從輕食早午餐到正式餐點，讓你吃飽又吃好！

1

簡單美味元氣早餐
煎薯塊與起司烤蛋盅

這其實是一道清冰箱料理。
每當剩下一點洋蔥、或是一些配菜時，
就會將這些食材通通快炒一翻，打上雞蛋烤成蛋盅，
配上香煎楔型馬鈴薯，一份元氣滿滿的美味早餐簡單上桌。

Eggs en Cocotte with Fried Potato

材料（1人份）

白玉馬鈴薯…1顆
雞蛋…1顆
洋蔥…40g
培根…30g
蘑菇…2顆
小番茄…1顆
鹽…適量
黑胡椒…適量
雙色乳酪丁…適量

• 馬鈴薯調料

ⓐ 橄欖油…適量
　鹽…適量
　迷迭香…適量
　帕馬森起司粉…適量

事前準備

• 烤箱預熱至190度

1　將馬鈴薯的外皮搓洗乾淨，切成6～8塊，放入冷水浸泡10分鐘

2　煮一鍋熱水，將切好的作法〔1〕放入熱水煮約10分鐘。

3　將洋蔥、培根切丁，蘑菇切片，小番茄切成四塊。

4　平底鍋倒入橄欖油，炒香洋蔥，接著加入培根、蘑菇一起拌炒，撒鹽、黑胡椒調味。

5　焗烤杯中刷上油，填入作法〔4〕的食材，表面打入雞蛋，再撒上少許鹽、黑胡椒調味，擺上小番茄與乳酪丁，放進烤箱，以190度烘烤10分鐘。

6　撈起作法〔2〕的馬鈴薯，用廚房紙巾擦乾，正反兩面均勻的淋上ⓐ。

7　平底鍋倒入橄欖油，將作法〔5〕的馬鈴薯煎到表面金黃酥脆即可。

＊打入生雞蛋時，可以先將底部餡料輕壓出一個小凹槽，這樣烤出來的雞蛋比較能穩定於碗中央的位置。

memo

馬鈴薯也可直接全程選用烤箱烤熟，烤盤鋪上烘焙紙，將切好的薯塊淋上ⓐ，烤箱以180度烘烤20～30分鐘即可。
水煮＋鍋煎的口感比較鬆軟，全程用烤箱烤的口感較為爽脆，可依照個人喜好選擇料理方式。

2

外酥裡嫩香脆可口

馬鈴薯煎餅

營養又健康的馬鈴薯煎餅，
美味完全不輸早餐店的炸薯餅，
加上培根與蔥花，搭配滑順的法式酸奶
下次有吃不完的馬鈴薯時，不妨動手做看看。

—— *Potato Pancake* ——

材料（1人份）

馬鈴薯…1 顆
培根…1 片
雞蛋…1 顆
中筋麵粉…15g
鹽…適量
黑胡椒…適量
蔥花…適量
法式酸奶…適量

1 馬鈴薯切成薄片後，再切成細絲，浸泡冷水洗出多餘澱粉，擠乾水分後，撒上鹽調味備用。

2 培根切細條狀，平底鍋加少量油，放入培根炒熟。

3 碗中打入雞蛋，加入麵粉攪拌，接著放入作法〔1〕、〔2〕，撒上少許黑胡椒調味，混合均勻。

4 平底鍋倒入橄欖油，放入作法〔3〕的馬鈴薯麵糊，煎至雙面金黃酥脆即可。

5 挖一湯匙法式酸奶在馬鈴薯煎餅上，再撒上切碎的蔥花即完成。

memo

馬鈴薯切成細絲狀並浸泡冷水洗去多餘澱粉，會讓口感更加酥脆，請一定要用乾淨的布吸除水分，或用手擠乾，煎煮時才不會出太多水影響口感。

3

可愛的開口笑造型

雞蛋沙拉小餐包

百吃不膩的雞蛋沙拉麵包，
作法零難度，健康低卡又好吃。
填入滿到溢出來的蛋沙拉餡料，大口咬下超滿足，
用可愛的開口笑造型來治癒不完美的心情。

—— *Egg Salad Bun* ——

材料（1 人份）

雞蛋…2 顆
第戎芥末醬…20g
美乃滋…20g
鹽…適量
歐芹粉…適量
全麥小餐包…2 個

1 雞蛋冷水入鍋，煮滾後再續煮約 10 分鐘，煮好的雞蛋放入冷水中降溫。

2 撥掉作法〔1〕的蛋殼，將蛋黃取出，並用湯匙壓碎，蛋白則用刀切細碎。

3 蛋黃加入芥末醬、美乃滋、鹽，混合均勻。

4 將切碎的蛋白倒入作法〔3〕中，用湯匙混合拌勻。

5 小餐包橫切開不切斷，用湯匙填上作法〔4〕，再用抹刀抹平表面，最後抓一把歐芹粉撒上即完成。

memo

造型可愛的雞蛋沙拉小餐包，裝在便當盒中，十分適合帶著出遊野餐；也可以前一晚先將雞蛋沙拉醬做好，放進冰箱冷藏，隔天早上就可以完成方便又快速的早餐了。

4

簡約又時髦

煎牛排三明治

偶爾換一種方式來吃牛排，
使用有嚼勁的法棍麵包，配上濃郁的番茄蔬菜佐醬，
一口咬下香噴噴又油脂豐富的煎牛排真是過癮。

—— *Steak Sandwich* ——

材料（1 人份）

法棍麵包…半條
厚切牛排…200g
鹽、黑胡椒…適量
大蒜…3 ～ 5 瓣
無鹽奶油…10g
羽衣甘藍…適量
紫洋蔥…適量
起司片…1 片

• 蜂蜜芥末醬

⒜
橄欖油…3g
第戎芥末醬…25g
美乃滋…20g
蜂蜜…3g
檸檬汁…5g
鹽…1g

• 番茄蔬菜醬

ⓑ
西洋芹…2 根
番茄醬…30g
高湯或水…適量
歐芹粉…適量
鹽…2g

事前準備

• 烤箱預熱至 200 度

1　牛排撒上少許黑胡椒、鹽調味，靜置約10分鐘，紫洋蔥切成洋蔥圈，羽衣甘藍泡水清洗備用。

2　準備一把鑄鐵鍋，放入牛排，有白色油花那面朝下先煎出油脂，接著將每面各煎1分鐘，放入大蒜、奶油轉小火，把融化的奶油澆淋在牛排上。

3　將作法〔2〕的牛排連同鑄鐵鍋放入烤箱，以200度烘烤5分鐘。

4　製作蜂蜜芥末醬：將食材ⓐ混合均勻。

5　製作番茄蔬菜醬：西洋芹切小丁，鍋內倒入食材ⓑ，一起拌炒。

6　從烤箱取出牛排，靜置5分鐘後切片。

7　麵包抹上作法〔4〕醬汁，依序放上作法〔1〕的羽衣甘藍、紫洋蔥圈、起司片，擺上牛排片，最後淋上作法〔5〕的番茄蔬菜醬，蓋上麵包即完成。

memo

搭配牛排的麵包可依照個人喜好，除了歐式全麥麵包外，以吐司、巧巴達麵包壓成帕尼尼也是很好的選擇。下次製作時，試著將番茄蔬菜醬換成焦糖洋蔥醬也非常美味可口。

5

一鍋到底的中東特色菜

北非蛋

源自於土耳其，是中東家庭傳統且著名的早餐料理。
Shakshuka在阿拉伯語中有「攪和」的意思，
就是將喜歡的食材與番茄和雞蛋攪和在一起，
作法簡單又營養，沾著麵包吃美味無窮。

———— *Shakshuka* ————

材料（1 人份）

小番茄⋯100g
紅椒⋯25g
黃椒⋯25g
青椒⋯25g
洋蔥⋯30g
白洋菇⋯40g
蒜末⋯適量
火腿⋯25g
番茄醬罐頭⋯30g
雞蛋⋯2 顆
孜然粉⋯適量
鹽⋯適量
黑胡椒粉⋯適量
乳酪絲⋯20g
莫札瑞拉乳酪球⋯3 顆
歐芹葉⋯適量

1　將所有食材切小塊備用。

2　鍋中倒入橄欖油，先爆香蒜末，再倒入洋蔥一起拌炒。

3　將紅、黃、青椒倒入鍋內拌炒，接著加入洋菇片、番茄塊、火腿丁繼續翻炒。

4　倒入番茄醬罐頭，撒上鹽、黑胡椒、孜然粉調味，加入適量水，水量足夠悶煮鍋內蔬菜即可，蓋上鍋蓋煮約10分鐘。

5　食材悶煮差不多時，打開鍋蓋，用湯匙挖出兩個洞，打入2顆雞蛋，蓋上鍋蓋悶煮約5分鐘，直到成為半熟蛋狀態。

6　鋪上乳酪絲與莫札瑞拉乳酪球，撒上歐芹碎即完成。

＊雞蛋的熟度可依照個人喜好悶煮 5～8 分鐘。

memo

第一次吃到這道紅遍歐美網紅餐廳的北非蛋，只能用「相恨見晚」來形容，番茄配上雞蛋這組黃金拍檔絕不會讓你失望。
用麵包沾取著吃，配上大量營養豐富的蔬菜，不僅好吃、飽足，而且更是一道減脂期也非常推薦的低卡料理。

6

健康低卡飽足感十足

藜麥烤南瓜雞胸肉沙拉

藜麥被稱為「料理界的紅寶石」，
與低熱量的南瓜、超級食物羽衣甘藍、優質高蛋白雞胸肉，
淋上蜂蜜芥末醬汁與布拉塔乳酪，
就是一盤適合減脂健身期，能提供滿滿能量的爽口溫沙拉。

————— Roasted Pumpkin Quinoa Chicken Breast Salad —————

材料（1 人份）

南瓜…160g
雞胸肉…180g
三色藜麥…適量
羽衣甘藍…60g
布拉塔乳酪…適量
藍莓…10 顆
胡桃…適量

• 蜂蜜芥末醬

ⓐ
橄欖油…3g
第戎芥末醬…20g
美乃滋…15g
蜂蜜…3g
檸檬汁…5g
鹽…1g

事前準備

• 烤箱預熱至 200 度

1　前一晚將雞胸肉浸泡在5%的鹽水中，放入冰箱冷藏。

2　藜麥提前泡水30分鐘，冷水下鍋煮到沸騰，水滾後再轉中小火煮約15分鐘，撈出瀝乾備用。

3　羽衣甘藍泡水清洗備用，藍莓泡水清洗備用。

4　南瓜切小塊，淋上橄欖油、鹽、黑胡椒，拌勻後放在鋪上烘焙紙的烤盤，放入烤箱，以200度烘烤20分鐘。

5　將布拉塔乳酪瀝乾水分，用手撕成小塊備用。

6　冰箱取出作法〔1〕的雞胸肉，切成一口大小，平底鍋倒入橄欖油，將雞胸肉煎上色，再轉小火蓋上鍋蓋悶熟。

7　製作蜂蜜芥末醬：食材ⓐ混合均勻。

8　碗中擺入羽衣甘藍，淋上作法〔7〕的蜂蜜芥末醬拌勻，將煎好的雞胸肉與烤南瓜擺入盤中，最後依序放上乳酪、胡桃、藍莓，以及作法〔2〕的三色藜麥即完成。

memo

羽衣甘藍是葉黃素含量第一名的超級食物，除了可以生食，也可以清炒、汆燙，梗部與葉片皆能食用，做成沙拉只剪取葉片即可，較粗的梗部不想浪費也可以打成蔬果精力湯，或是燙熟後食用。

7

五星餐廳等級前菜

西班牙風乾火腿無花果沙拉

這款顏質極高的低卡沙拉，製作簡單不複雜，
將風乾火腿捲成玫瑰花的樣子，其均勻的油脂分佈與鹹香細緻的口感，
搭配上酸甜黑莓、香甜多汁的新鮮無花果，
彷彿身處華麗的花園之中。

———— *Fig Serrano Ham Salad* ————

材料（1 人份）

西班牙風乾火腿⋯適量
無花果⋯2 顆
新鮮羅勒葉⋯適量
新鮮綜合生菜⋯適量
冷凍黑莓⋯5 顆
布拉塔乳酪⋯適量
橄欖油⋯適量
核桃⋯適量
蜂蜜⋯適量

事前準備
• 烤箱預熱至 180 度

1　將風乾火腿平鋪於砧板上，上下對折後，向內捲成玫瑰花形狀，如果火腿長度不夠，可以接著第二片繼續捲，花的體型就會大一些。

2　將生菜洗淨擦乾放在盤中，將作法〔2〕的火腿玫瑰花擺放在羅勒葉上，接著依序擺上無花果、黑莓、布拉塔乳酪。

3　添加幾顆核桃，淋上少許蜂蜜，最後擺上作法〔1〕的法棍麵包即完成。

memo

以風乾火腿作為前菜佳餚再適合不過了，除了搭配麵包、起司、美酒，配上水果的滋味更是妙不可言。在西班牙最經典的搭配就是哈密瓜配火腿，考慮到水果產季，搭配黑莓、無花果的風味也是同等美味。

8

美式經典風味

BLT 貝果

吃過BLT三明治嗎？BLT到底是什麼呢？
B＝Bacon培根、L＝Lettuce生菜、T＝Tomato番茄，
搭配上美乃滋與麵包，就是英美非常普遍的三明治餐點，
將三明治換成貝果，吃起來也別有一番風味喔！

———— *BLT Bagel* ————

材料（1人份）

貝果麵包…1個
培根…2片
雞蛋…1顆
牛奶…10ml
奶油…10g
洋蔥…20g
大蒜…適量
白醋…5ml
蜂蜜…5ml
奶油萵苣…適量
番茄切片…適量
起司片…1～2片
美乃滋…適量

1 奶油萵苣泡水清洗瀝乾，番茄切片備用。

2 將洋蔥切成洋蔥圈、大蒜切細碎備用。

3 平底鍋放少許橄欖油，以中火將培根煎出油脂，倒入作法〔2〕的大蒜拌炒。

4 在作法〔3〕中加入白醋與蜂蜜，煎至培根兩面晶瑩剔透微焦脆，煎好的培根對切備用。

5 製作西式炒蛋：雞蛋打入碗中，加入鹽、牛奶，攪拌均勻，開小火，鍋中放入一小塊奶油，奶油融化後放入蛋液，用耐熱刮刀不停翻炒，直到蛋開始凝固有黏性後關火起鍋。

6 將貝果橫切成兩半，麵包刷上美乃滋，依序從底部擺上奶油萵苣、番茄、起司、洋蔥圈、培根、西式炒蛋，蓋上另一半貝果即完成。

memo

你是否也很喜歡飯店早餐裡的西式炒蛋？焦脆的培根，配上柔軟的西式炒蛋，堪稱經典美式早餐搭配。此道料理無論使用漢堡或吐司都很美味，也很適合在家做好、攜帶外出食用，只要在組合貝果前，底下墊上保鮮膜，完成組合後保鮮膜再收口包緊，最後對切放到便當盒中，這樣麵包裡的夾料就會整齊完好，且不易掉落出來。

9

一鍋暖心美味

南瓜香腸烘蛋

香甜的栗子南瓜做成烘蛋非常可口，
將南瓜先蒸再烤，保留鬆軟綿密的口感，
加入脆脆的德式香腸與蔬菜，
暖心暖胃、鹹甜交織的鑄鐵鍋料理美味上桌。

─── *Pumpkin Sausage Frittata* ───

材料（1 人份）

直徑 16cm 鑄鐵鍋

栗子南瓜…140g
雞蛋…2 顆
牛奶…60ml
鹽…2g
德式香腸…1 根
冷凍三色蔬菜…40g
帕馬森起司…適量

事前準備

• 烤箱預熱至 180 度

1 栗子南瓜的皮刷洗乾淨，對半切開，用湯匙挖除種籽，放到電鍋蒸10分鐘。

2 碗中打入2顆雞蛋，撒上少許鹽調味，倒入牛奶攪拌均勻，接著加入冷凍三色蔬菜。

3 將德國香腸切成小片備用。

4 取出作法〔1〕蒸好的半熟南瓜，用刀切成八等分。

5 鑄鐵鍋內倒入作法〔2〕，整齊的擺放上作法〔4〕的南瓜片，最後加入作法〔3〕的香腸片，蓋上鍋蓋，用中小火悶煮5分鐘。

6 打開鍋蓋，此時的狀態看似蒸蛋。將鑄鐵鍋移到烤箱，以180度烘烤10分鐘，烤至表面金黃上色，最後再刨入帕馬森起司即完成。

memo

栗子南瓜來自日本北海道。雖然其熱量是南瓜品種中最高的，但豐富的膳食纖維可提供較強的飽足感，所以非常推薦作為優質澱粉的選擇。栗子南瓜皮薄、果肉鬆軟綿密，蒸煮後散發著栗子香氣，可連皮一起食用。

10

捲餅皮的無限變化

墨西哥 TACO 小脆杯

來自墨西哥的傳統美食，除了常見的U餅外型，
用馬芬模具也可以做出精巧的杯子造型，
搭配清爽滑嫩酪梨莎莎醬，
將喜歡的佐料通通塞進迷你香脆的小杯子裡。

───── *Mexican Mini Taco Cups* ─────

材料（1 人份）

馬芬烤模

墨西哥捲餅…1 ～ 2 片
番茄…1 顆
紫洋蔥…1/3 顆
香菜…適量
酪梨…1 顆
檸檬汁…適量
鹽…適量
黑胡椒…適量
初榨橄欖油…適量
芒果丁…適量

事前準備

• 烤箱預熱至 190 度

1　番茄去籽切丁、紫洋蔥切丁、香菜切碎備用。

2　芒果切丁備用。

3　墨西哥捲餅皮兩刀切成四片，再沿著三個尖角各切一刀，折疊成小碗狀，放入馬芬烤模（見下圖），放進烤箱，以190度烘烤7分鐘定型。

4　酪梨滴入少許檸檬汁搗成泥，加入作法〔1〕的食材，撒上少許鹽、黑胡椒調味，滴入少許橄欖油攪拌混合。

5　將作法〔4〕的酪梨莎莎醬，放入作法〔3〕烤好的小脆杯中，表面再放上作法〔2〕的芒果丁即完成。

memo

若買不到芒果，可以換成水蜜桃罐頭，同樣非常香甜可口。

捲餅皮兩刀切成四片

沿著三個角各切一刀

放入馬芬模具內

11

創新韓式小煎餅

泡菜小魚韓式煎餅

吃膩了傳統的韓式煎餅嗎？那就換成小巧可愛的小圓煎餅吧！
搭配韓式芝麻炒小魚與小松菜的創新口味，你一定要試試看！

———— *Korean Anchovy Kimchi Pancake (Haemul Pajeon)* ————

材料（1 人份）

小松菜（葉）…80g
細蔥…1 根
紅、青辣椒…各 10g
泡菜…適量

• 芝麻小魚乾
丁香小魚乾…100g
白芝麻…適量
黃砂糖…10g
醬油…10ml
麻油…5ml

• 麵糊
　中筋麵粉…100g
　玉米粉…30g
ⓐ 白砂糖…5g
　水…130ml
　雞蛋…1 顆

• 沾醬
　米醋…15g
　醬油…15g
ⓑ 芝麻油…2g
　洋蔥絲…適量
　熟白芝麻…適量

炒芝麻小魚乾

1　小魚乾沖水洗淨瀝乾，平底鍋倒入油，放入小魚炒到微焦黃後，倒入醬油、砂糖、白芝麻一起拌炒，最後滴入少量麻油增加香氣，起鍋放涼後備用。

＊拌炒的過程中如果太乾亦可加入少量水。

2　紅辣椒和青辣椒切薄片去籽；小松菜洗淨後，去除根部只取葉片部分，切成細長條。

3　細蔥切小段，撒上麵粉，將麵粉均勻的抹在蔥段上。

4　將ⓐ倒入盆中攪拌成麵糊，加入作法〔2〕的小松菜、作法〔3〕的蔥段，再加入泡菜一起混合均勻，最後加入作法〔1〕炒好的小魚乾。

5　製作煎餅沾醬：將ⓑ混合均勻。

6　平底鍋倒入油，挖一匙作法〔4〕的麵糊倒入平底鍋中，用中小火煎成薄餅狀，放上作法〔2〕的辣椒片，邊緣煎熟後即可翻面，煎到兩面金黃上色即完成。

memo

炒小魚的時間不宜太久，以免產生苦味。將炒好的小魚乾，放到冷凍庫可存放一個月。小魚乾很容易解凍，半小時前從冷凍庫取出，等飯菜做好就多出一道韓式家庭常備小菜了。

12

回味無窮的首爾街頭美味

韓式豬排厚蛋燒三明治

韓國人氣路邊攤三明治，
食材看似簡單分量卻非常豐富，
任何時候都能輕易享受飽足感十足的三明治。

———— Korean Pork Omelet Sandwich ————

材料（1人份）

吐司…2 片
雞蛋…2 顆
高麗菜…80g
花椰菜…50g
胡蘿蔔…30g
豬里肌排…1 片
鹽…適量
黑胡椒…適量
大阪燒醬…1 片
起司…1 片
美乃滋…適量
無鹽奶油…適量

1　豬里肌排拍打去筋，撒上鹽與黑胡椒醃製10分鐘，平底鍋內倒油，將肉排兩面煎熟，轉小火，再均勻地刷上大阪燒醬，小火煎1分鐘。

2　高麗菜洗淨後切成細絲，瀝乾後撒鹽，擠出多餘水分，備用。

3　花椰菜與胡蘿蔔切細碎，備用。

4　碗中打入2顆雞蛋，加適量鹽調味後攪拌，放入作法〔3〕的花椰菜與胡蘿蔔碎，混合均勻。

5　玉子燒鍋刷油，先倒入一半的作法〔4〕，用鍋鏟輕壓修整成方形。待蛋液凝固後，由上往下對折一半，再將煎好的蛋輕推到上方，鍋內再刷上油，倒完剩下的蛋液，重複一樣的步驟，修整成方形後完成厚蛋燒。

6　平底鍋內加入一小塊奶油，將吐司雙面烤至金黃酥脆。

7　將作法〔5〕煎好的厚蛋燒放在烤吐司上，接著放上作法〔1〕的豬里肌排，擠上美乃滋，再鋪上作法〔2〕的高麗菜絲與起司片，蓋上另一片吐司即完成。

memo

市售的大阪燒醬味道濃厚香醇，可替代照燒醬汁刷在肉片上，但因為含糖量較高，所以肉排刷上大阪燒醬後，不宜加熱太久，以免焦化影響外觀與味道。

13

冰箱剩飯新吃法
日式起司飯糰球

當冰箱有剩飯沒配菜時，
不妨試試看這款可愛精緻的飯糰球吧！

— *Japanese Cheese Rice Ball* —

材料（1人份）

米飯⋯180g
午餐肉罐頭⋯50g
起司⋯2片
胡蘿蔔⋯40g
花椰菜⋯70g
海苔香鬆⋯7g
雞蛋⋯1顆
大阪燒醬⋯適量
美乃滋⋯適量
番茄醬⋯適量
海苔絲⋯適量

事前準備

• 烤箱預熱至160度

1　先煮米飯，或是使用隔夜剩飯微波加熱。

2　花椰菜燙熟瀝乾，胡蘿蔔切成小塊，一起用食物調理機打成細碎，備用。

3　午餐肉切成六個小方形。

4　將作法〔2〕倒入米飯裡，再加入海苔香鬆，戴上拋棄式手套抓拌均勻。

5　取一球米飯（約50g），中間塞入作法〔3〕切好的午餐肉，用手捏緊整出圓球，再用保鮮膜包起，收緊定型，重複做出6顆飯糰球。

6　平底鍋倒入油，雞蛋打散倒入鍋中，煎成一張蛋皮，接著用圓形小切模，切出6個小圓蛋皮。

7　在飯糰表面刷上薄薄一層大阪燒醬，鋪上作法〔6〕的小圓蛋皮，起司片切成4小片正方形，鋪在蛋皮上，放進烤箱，以160度烘烤5分鐘，加熱到起司片軟化即可。

8　取出飯糰裝盤，在起司片上擠美乃滋、番茄醬，再放上海苔絲裝飾即完成。

＊海苔香鬆已有鹹度，午餐肉也較鹹，所以不建議米飯中再加鹽調味。

memo

午餐肉是許多家庭必備的罐頭品，方便保存，價格便宜，夾在三明治內、加在韓式部隊鍋或泡麵都很好吃。雖然蛋白質含量高，但脂肪與鈉也非常高，偶爾品嚐即可，不宜多吃。

14

烏克蘭百年家常料理

牛肉羅宋湯

湯汁濃郁的羅宋湯，豐富的食材可以直接當正餐食用，
滿滿的一鍋蔬菜，與酸甜可口的湯頭，
不只開胃還很營養，搭配麵包食用非常好吃。

———— *Russian Borscht* ————

材料（2~3 人份）

牛腩肉…200g
蔥…1 根
薑…5～6 片
芹菜…100g
紫洋蔥…100g
胡蘿蔔…100g
馬鈴薯…200g
高麗菜…150g
番茄…2 顆
番茄糊罐頭…180g
鹽…適量
糖…適量
黑胡椒…適量
奶油…5g
牛奶…60ml

1　牛腩切小塊放入湯鍋中，加入蔥、薑、1小匙橄欖油，倒入冷水蓋過所有食材煮滾。

2　水滾後將牛肉撈起，放到內鍋中倒入800ml的水，切幾片薑片到鍋中，電鍋燉煮1小時。

3　番茄用熱水汆燙30秒後，撈出泡冷水，撕去番茄皮，切成小塊狀備用。其餘所有蔬菜切成適中大小。

4　用大深炒鍋（或大鑄鐵鍋），鍋中倒油，先炒香洋蔥，再放入芹菜、胡蘿蔔，加入一小塊奶油拌炒，最後倒入番茄丁與番茄糊罐頭一起拌炒。

5　將作法〔1〕燉煮好的牛肉湯，倒入作法〔4〕的鍋中煮滾，加鹽、糖、黑胡椒調味。

6　將切好的馬鈴薯與高麗菜倒入作法〔5〕的鍋中，轉中小火悶煮約25分鐘，把所有蔬菜悶煮到軟，最後倒入牛奶拌勻即完成。

＊喜歡濃湯的口感，最後可以加入麵粉水或太白粉勾芡。

memo

經典美味的羅宋湯作法並不難，不過有許多蔬菜要切，所以備料上比較費時。將分量規劃成 2～3 人份，可做一次得到兩款不同的料理，我喜歡將剩餘湯料，隔天加入白飯燉煮成茄汁牛肉燉飯，並撒上乳酪絲放進烤箱焗烤，又是一道十分推薦的美味料理。

15

濃郁酸甜番茄口味

秋日烤時蔬咖哩飯

用秋季盛產的南瓜、蓮藕等時蔬，做成「豐收之秋」的美味咖哩，
烤至表面微焦的蔬菜，更是增添焦香與甜感。

———— *Roasted Vegetables Curry Rice* ————

材料（1 人份）

雜糧米飯⋯180g

• 烤時蔬
栗子南瓜⋯70g
蓮藕片⋯4 片
馬鈴薯⋯40g
胡蘿蔔⋯30g
抱子甘藍⋯50g
櫛瓜⋯40g

ⓐ 橄欖油⋯適量
　海鹽⋯適量
　黑胡椒⋯適量

• 番茄咖哩醬
番茄⋯1 顆
洋蔥⋯1/4 顆
蒜頭⋯適量
咖哩塊⋯60g
鹽⋯適量

事前準備

• 烤箱預熱至 210 度

1　先煮雜糧米飯，或是使用隔夜剩飯微波加熱。

烤時蔬

2　將所有要烤的蔬菜切成適當大小，淋上ⓐ，放入烤箱，
以210度烘烤20分鐘。

番茄咖哩醬

3　洋蔥切丁、番茄切塊、蒜頭切末備用。

4　鍋中倒入橄欖油，將洋蔥丁與蒜頭一起炒熟，加入番茄
塊、撒上少許鹽調味，加水蓋過所有食材，蓋上鍋蓋悶
煮至番茄軟爛，打開鍋蓋加入咖哩塊，轉中小火，混合
拌勻。

5　將作法〔4〕倒入食物調理機內（或果汁機）打成泥狀。

6　盤裡盛上米飯，將作法〔2〕的烤時蔬擺放在盤中，與作
法〔5〕的咖哩醬一起裝盤即可。

memo

雖然這是一道無肉料理，但比起一般常見的咖哩飯，增加了多種時蔬分
量，提供豐富多元的營養，吃得飽又不油膩。略帶酸甜的番茄咖哩醬，
也為這道料理增添了清爽的甘味。

16

來自義大利海濱風光

托斯卡尼奶油燉鮭魚

加入菠菜、番茄與白酒的奶油醬非常清新爽口，
油脂豐富、肉質細緻的煎鮭魚排與香濃奶油醬十分搭配，
溫暖艷陽下，就在自家陽台品嚐這道充滿義式風情的美食吧！

—— *Fried Salmon with Cream Sauce* ——

材料（1人份）

鮭魚排…150g
菠菜…80g
洋蔥…1/4 顆
小番茄…100g
蒜頭…2～3 粒
歐芹粉…適量
鮮奶油…150ml
白酒…50ml
無鹽奶油…10g
帕馬森起司…適量
鹽…適量
黑胡椒…適量
檸檬…2 片
法棍麵包…適量

1 鮭魚排去除大刺，抹上鹽、黑胡椒靜置10分鐘。

2 菠菜洗淨切小段、洋蔥切丁、蒜頭切末、小番茄對切，放入碗中備用。

3 鍋內倒入橄欖油，開中小火，放入作法〔1〕的鮭魚，魚皮那面先下鍋，煎至焦脆，魚肉煎至9分熟。

4 用廚房紙巾吸乾焦黑的鮭魚油，鍋中加入奶油融化，倒入作法〔2〕的蒜末與洋蔥丁炒香，再加入小番茄一起翻炒，接著撒上少許鹽、黑胡椒調味。

5 在作法〔4〕中倒入白酒翻炒一下，接著倒入鮮奶油，加熱煮到稍微濃稠後，再放入菠菜、歐芹粉至鍋中翻炒，接著在醬汁中刨入帕馬森起司，增添風味。

6 最後擺上作法〔3〕煎好的鮭魚排，用湯匙澆一點奶油醬汁在鮭魚上，蓋上鍋蓋悶煮3～5分鐘，擠上一點檸檬汁，再刨入適的帕馬森起司、少許黑胡椒粉，搭配麵包食用即完成。

memo

近年來營養均衡的地中海料理相當受歡迎。鮭魚含有高蛋白質及 omega-3，脂肪含量卻較低。正統托斯卡尼鮭魚使用鮮奶油來製作醬汁，會讓香氣更濃郁，稠度的表現也會比較好，如果是減脂期不想用鮮奶油的話，也可用蒸熟的南瓜加上牛奶打成泥狀，一樣會有濃稠口感，還增添更多香甜味道。

17

越吃越瘦的漢堡
蘑菇櫛瓜小漢堡

迷你可愛的外表看起來十分討喜，
美味完全不輸真的漢堡，但在熱量上差距大，
清爽無負擔的蘑菇櫛瓜小漢堡，一次可以吃好多個！

—— *Mushroom Zucchini Mini Burger* ——

材料（1人份）

白蘑菇（大）…6顆
櫛瓜…6片
雞蛋…1顆
中筋麵粉…15g
小番茄…3顆
起司…2片
蘿曼生菜…適量

• 漢堡肉
豬絞肉…100g
雞蛋液…15g
洋蔥…20g
麵包粉…20g
三色蔬菜…40g
ⓐ ┌ 胡椒…適量
　 │ 鹽…適量
　 └ 醬油…適量

memo

減脂期的朋友也可將漢堡肉的
豬絞肉替換成雞胸肉，一樣美
味可口且更低脂喔！

漢堡肉

1　洋蔥切細碎備用，三色蔬菜以熱水燙熟，放涼備用。

2　碗中打入雞蛋，攪散，先取約15ml放在小碟中備用，剩餘的蛋液倒入豬絞肉裡，用手抓拌，再加入麵包粉、洋蔥碎、三色蔬菜繼續拌勻，最後加入ⓐ混合，平均捏成6份小圓球，放到冰箱冷藏。

蘑菇＆櫛瓜

3　蘿曼生菜泡水洗淨後擦乾，切成一口大小，小番茄切片。

4　蘑菇洗淨，剔除蒂頭，鍋中倒入少量橄欖油，將蘑菇煎至微微上色後，起鍋備用。

5　櫛瓜切片，沾取作法〔2〕備用的蛋液，再沾上薄薄一層麵粉，下鍋煎至雙面上色後，起鍋備用。

6　從冰箱取出漢堡肉，用手把漢堡肉輕輕壓扁一些，鍋中倒入橄欖油，將漢堡肉兩面煎熟。

7　起司切成6小片，鋪在漢堡肉上，關火蓋上鍋蓋，利用餘熱讓起司片稍微軟化。

組合漢堡

8　從底層開始，櫛瓜片上依序擺放小番茄片、起司漢堡肉、生菜，再蓋上白蘑菇，最後插上竹籤固定即完成。

18

讓人一根接一根
義式麵包棒

簡單調味又酥酥脆脆的義式麵包棒，
搭配帕瑪火腿、濃湯或初榨橄欖油沾食，都是美味不無聊的吃法。

———————————————————— *Grissini* ————————————————————

材料（約 30 根）

• **低溫發酵麵團**
高筋麵粉…100g
酵母粉…1g
水…80ml

• **主麵團**
高筋麵粉…260g
酵母粉…3g
海鹽…7g
橄欖油…40ml
水…135ml
黑芝麻粒…適量
白芝麻粒…適量

事前準備

• 烤箱預熱至 190 度

前一晚：低溫發酵麵團

1　準備一個密封玻璃罐，倒入高筋麵粉、酵母粉、水，用筷子或抹刀混合麵團成絮狀（一團團的小疙瘩狀），蓋上蓋子，室溫擺放2小時發酵，再放到冰箱冷藏一夜。

當天：主麵糰

2　盆內倒入高筋麵粉、水、酵母粉、鹽、油，再把作法〔1〕低溫發酵麵團倒入盆中，用攪拌機以中速攪打成團。

＊麵團經過攪打產生筋性，此時麵團會較光滑有延展性，檢視麵團是否用手撐開能形成薄膜。

3　將作法〔2〕的麵團整成圓形，收口朝下放到碗裡，蓋上麵包發酵布或保鮮膜上戳幾個小洞，與一杯熱水同時放進烤箱（烤箱不用開），發酵50～60分鐘。

4　揉麵墊撒上麵粉，取出發酵完成的麵團移到揉麵墊上，倒入芝麻粒揉進麵團，再繼續放置10分鐘鬆弛麵團。

5　用擀麵棍將麵團擀開成長方形，厚度約0.5公分，再用切割板分切成1公分寬的長條，用手繞轉成螺旋狀，表面刷上橄欖油，再撒上少許海鹽，放在鋪有烘焙紙的烤盤上，放進烤箱，以190度烘烤15～20分鐘即完成。

memo

Grissini 義式麵包棒的調味方式眾多，除了芝麻口味外，也可撒上孜然粉、咖哩粉、起司粉、紅椒粉等香料，做出多款風味。另外也推薦微甜版本：在作法〔5〕的麵團表面刷上一層蜂蜜水，撒上粗砂糖，就是微甜的義式麵包棒。

19

義大利麵的經典代表

波隆那菠菜肉醬義大利麵

波隆那肉醬其實就是傳統的番茄肉醬，
流傳到世界各地後，延伸出許多不同風味的作法。
道地的義大利餐館經常使用更能吸附醬汁的寬扁麵來呈現經典之作。

———— *Spinach Spaghetti bolognese* ————

材料（1人份）

寬扁麵…100g
牛豬混合絞肉…100g
洋蔥…1/3 顆
蘑菇…50g
菠菜…80g
蒜頭…適量
番茄…1 顆
番茄糊罐頭…80g
鹽…適量
糖…適量
紅酒…30ml
巴西里碎…適量
帕馬森起司…適量

1　煮一鍋水，鍋內加入少許鹽，水滾後放入麵條煮約6～7分鐘，撈起拌入少許橄欖油，備用。

2　洋蔥切細碎、蒜頭切末、番茄切塊、蘑菇切片，菠菜洗淨切除根部，保留葉片備用。

3　將蘑菇倒入乾鍋炒熟，炒至散發香氣並輕微出水，盛起備用。

4　鍋中加油，倒入牛豬混合絞肉炒至半熟，把肉撥到鍋邊，加入作法〔2〕的洋蔥丁與蒜末翻炒。

5　在作法〔4〕的鍋內加入番茄塊，炒至番茄稍微軟爛，再倒入一杯水，水量蓋過所有食材即可，倒入番茄糊、鹽、糖調味，用中小火悶熟所有食材。

6　肉醬煮到完成前約5分鐘，加入紅酒，再放入作法〔3〕的蘑菇片與作法〔2〕的菠菜葉。

7　倒入作法〔1〕煮好的麵條，撒上切碎的巴西里碎，炒至湯汁稍微收乾即可裝盤，最後再刨入大量的帕馬森起司即完成。

＊喜歡香濃口感的話，可以在作法〔6〕加入適量牛奶、鮮奶油拌勻。

memo

番茄肉醬能變化出許多不同料理，我經常會多煮一些，分成小包裝冰冷凍儲存，可以加點乳酪絲烤成吐司披薩當早餐、也可以拌麵拌飯變成主餐，或是淋在汆燙好的高麗菜上，變成一道配菜料理。

20

香甜浪漫的節慶大餐

紅酒無花果醬烤豬肋排

這道烤豬肋排料理十分適合擺在充滿節慶感的餐桌上，
微甜的紅酒無花果醬，為豬肋排增添迷人的果香風味，
品一口紅酒、配上美味多汁的豬肋排，
在家也能享受精緻歐式餐館的氛圍。

— *Red Wine & Fig Sauce Grilled Pork Ribs* —

材料（2 人份）

豬肋排⋯400g

ⓐ
- 大蒜粉⋯適量
- 鹽⋯適量
- 黑胡椒⋯適量
- 紅糖⋯15g

• 紅酒無花果醬

新鮮無花果⋯2 顆

ⓑ
- 紅糖⋯10g
- 蜂蜜⋯10g
- 紅酒⋯30ml
- 醬油⋯20ml
- 大阪燒醬⋯7g
- 水⋯少許

事前準備

• 烤箱預熱至 190 度

1　切除豬肋排上的白色筋膜，洗淨後擦乾備用。

2　將食材ⓐ全部混合在一起，均勻塗抹在豬肋排的兩面，
用鋁箔紙包緊，放到烤盤上，以190度烘烤60分鐘。

3　製作紅酒無花果醬：無花果洗淨擦乾，去蒂頭切成小
塊，放入平底鍋中，加入ⓑ小火加熱攪拌，再用手持料
理棒攪打成果泥狀。

4　取出作法〔2〕的豬肋排，打開鋁箔紙，在肋排表面刷上
作法〔3〕的紅酒無花果醬，烤箱溫度調高至230度，放
回烤箱烘烤5分鐘，可視個人喜好，重複刷醬汁回烤2～
3次，烤至表面上色即完成。

＊紅酒無花果醬中含有蜂蜜，經過加熱後很容易烤上色，回烤的時候請
注意時間，避免烤過頭顏色變黑。

memo

無花果的味道清甜，適合搭配不同食材作為調味或料理。若是喜歡無花果的香氣，也可以做一罐紅酒無花果醬保存起來，
平時沾麵包吃也非常美味。將去皮的無花果，依照個人喜好加入適量紅酒、蜂蜜、冰糖、肉桂粉、檸檬汁，熬煮至濃稠
凝露狀態即可裝瓶，倒立冷卻後即可冷藏保存。

3

烘焙甜點
Dessert

◆

15道精選甜點與3款特調咖啡，
假日邀請三五好友來家裡作客，
一起渡過甜蜜的午茶時光吧！

1

補鈣養髮的黑色魔力

黑芝麻脆餅

小小芝麻富含鈣、鐵、Omega-3脂肪酸等營養，
含鈣量甚至比牛奶或肉類還高，
烤箱烘烤後，芝麻更是香氣奔放，
配上甘甜的紅棗與核桃，讓你越吃越年輕。

———————————— *Sesame Biscuit* ————————————

材料（12片）

6cm 圓形切模

熟黑芝麻粒…55g

熟白芝麻…25g

紅棗…40g

核桃…40g

蛋白…2 顆

玉米粉…15g

蜂蜜…10g

事前準備

• 烤箱預熱至 150 度

1　紅棗用料理剪刀剪成條，去除果核並切碎，備用。

2　核桃切碎，盡量切得細小一些，或是使用食物料理機打碎（但不要打成粉末狀）。

3　料理盆中加入蛋白，與蜂蜜混合拌勻。

4　黑、白芝麻粒加入作法〔3〕，接著加入作法〔1〕、〔2〕切好的紅棗、核桃碎，最後倒入玉米粉一起拌勻。

5　烤盤鋪上烘焙紙，挖一匙作法〔4〕的黑芝麻糰放入圓型切模，每份約15g左右（可依照模具大小調整重量），用湯匙背面或是平底的重物，用力壓實壓平填滿圓型切模，厚度只要薄薄一層即可。

6　放進烤箱，以150度烘烤15～20分鐘，出爐後放涼即完成。

memo

沒有圓形切模也可以改用一次性紙杯替代，只需剪下紙杯約 1/3 高度，用杯口的部分作為模具即可。

2

帶有柴燒薑味

黑糖烤年糕

傳統年節糕點總有各種吉祥喻意，
如炸年糕象徵著年年高昇，但體重與熱量可不想一起上升。
以烘烤取代油炸，加上營養價值較高的柴燒薑味黑糖，
拌入堅果的麵團，烘烤出外脆裡糯的黑糖烤年糕，吃一口一定會愛上！

———— *Roasted Brown Sugar Rice Cake* ————

材料

21cm 磅蛋糕烤模
手工柴燒薑味黑糖⋯30g
ⓐ｜牛奶⋯80ml
糯米粉⋯100g
植物油⋯12g
ⓑ｜常溫牛奶⋯30ml
綜合堅果⋯30g
熟白芝麻⋯適量

事前準備
• 烤箱預熱至180度

1　湯鍋中倒入ⓐ牛奶，加熱到鍋邊冒泡即關火，倒入黑糖粉，攪拌至黑糖化開無結塊。

2　料理盆中倒入作法〔1〕煮好的黑糖牛奶，再倒入過篩的糯米粉混合，接著倒入植物油，用刮刀混拌均勻。

3　再加入ⓑ常溫牛奶，繼續混合攪拌，此時麵團會變得比較滑順。

4　烤模內底部與四周鋪上烘焙紙，先倒入一半的作法〔3〕到烤模內，用刮刀整理鋪平，放進烤箱，以180度烘烤10分鐘，將表層稍微烤乾。

5　取出烤好的作法〔4〕，倒入綜合堅果平均分佈在表面上，繼續倒完剩餘的作法〔3〕蓋過所有的堅果，放進烤箱，以180度繼續烘烤20分鐘，烤完後取下烘焙紙，切成長條狀即可。

memo

買不到手工柴燒薑味黑糖沒關係，可用紅糖取代，也可以在配料上加核桃、葡萄乾、紅棗碎等屬於補氣血的好食材，就成了非常養生的中式糕點。

3

炎炎夏日來杯吃的咖啡

三色咖啡奶凍

炎熱夏天除了喝一杯冰咖啡，還可以吃一杯冰咖啡！
用掛耳咖啡做成高級感滿分的咖啡奶凍，
咖啡顏色漸變，從醇香的黑咖啡、奶香的咖啡歐蕾到牛奶。
清涼爽口三重感受，一杯GET！

——— *Coffee Cream Jelly* ———

材料（1人份）

濾掛式咖啡…1 包
牛奶…180ml
吉利丁粉…12g
噴式鮮奶油…適量
巧克力餅乾屑…適量
奧利奧巧克力餅乾…1 片
巧克力蝴蝶餅…1 塊

memo

• 吉利丁粉要先浸泡冷水再使用，浸泡過程不要攪拌，等待粉末吸水膨脹後再進行攪拌。請注意是將粉倒入水中，而不是水倒入粉中。

• 此款咖啡凍完全無加糖，喜歡甜味版本可在作法〔1〕的熱咖啡中，加入琥珀紅糖，或在咖啡牛奶層中加入煉乳調味。

1　吉利丁粉倒入40ml冷水，靜置浸泡5分鐘，等待粉末吸水膨脹後，攪拌混合均勻，備用。

2　撕開濾掛式咖啡，以92度180ml熱水沖泡，放涼備用。

黑咖啡層

3　取作法〔2〕的咖啡110ml（咖啡溫度約60～70度），加入⅓作法〔1〕的吉利丁溶液，攪拌至完全溶解，倒入玻璃杯中，冷卻後放進冰箱定型。

咖啡牛奶層

4　再取作法〔2〕的咖啡70ml，倒入30ml牛奶混合，加入⅓作法〔1〕的吉利丁溶液，以中小火加熱（60～70度）並同時攪拌至溶解，冷卻後倒入完成定型的作法〔3〕中，再放回冰箱定型。

牛奶層與裝飾

5　將110ml牛奶加入作法〔1〕所剩的吉利丁溶液，以中小火加熱（60～70度）並同時攪拌至溶解，冷卻後倒入完成定型的作法〔4〕中，再放回冰箱定型。

6　牛奶層定型後，表層擠上鮮奶油，撒上巧克力餅乾屑，插入巧克力蝴蝶餅與餅乾裝飾即完成。

4

詩情畫意的愛情故事
玫瑰瑪格麗特餅乾

一位義大利糕點師傅在做這款餅乾時，
心中默念愛人的名字，並將手印按壓在餅乾上，
這就是瑪格麗特餅乾的由來。
用象徵愛情的玫瑰，來體現隱藏著愛情故事的小餅乾。

—— Italian Hard-Boiled Egg Yolk Cookie ——

材料（7～8塊）

低筋麵粉…45g
玉米粉…45g
無鹽奶油…50g
鹽…1g
糖粉…30g
雞蛋…1顆
食用玫瑰花瓣…適量
烘焙用玫瑰水…適量
蔓越莓乾…適量

事前準備
• 烤箱預熱至150度

1　雞蛋用電鍋蒸熟或水煮熟，將蛋黃取出備用。

2　用開水將玫瑰花瓣清洗一下，再用廚房紙巾輕柔按壓擦乾，並與蔓越莓乾一起放入碗中，倒入適量玫瑰水浸泡30分鐘。

3　無鹽奶油微波加熱融化，加入鹽與糖粉混合。

4　將作法〔1〕的熟蛋黃，用濾網按壓篩進作法〔2〕中。

5　低筋麵粉與玉米粉過篩，倒入作法〔3〕中，用刮刀混合均勻。

6　將作法〔2〕倒入作法〔5〕，用刮刀混合，再用手滾揉成麵團。

7　用手將作法〔6〕的麵團搓成一顆顆小圓球，放置在鋪有烘焙紙的烤盤上。

8　用大拇指輕輕按壓小圓球，按出中間有小凹洞，四周有裂紋。

9　放進烤箱，以150度烘烤20分鐘，出爐後放涼即完成。

memo
一般奶油餅乾大多使用低筋麵粉來製作，瑪格麗特餅乾的粉類中有一半是玉米粉，所以按壓麵團時會出現漂亮的裂紋，千萬別誤會是烘烤失敗喔，這正是專屬於瑪格麗特餅乾的經典特色呢！

5

微甜微苦微醺的醉人滋味

迷你提拉米蘇

&

橙酒提拉米蘇咖啡

精緻小巧的迷你版提拉米蘇，一個人吃分量剛剛好，
再配上同款咖啡，帶走的不只是美味，還有浪漫醉人的滋味。

Mini Tiramisu & Cointreau Tiramisu Coffee

材料（10個）

• 起司醬
蛋黃…3 顆
馬斯卡彭起司…250g
植物性鮮奶油…150ml
動物性鮮奶油…50ml
香草精…5g
砂糖…50g
蘭姆酒…10ml

• 迷你提拉米蘇
雞蛋…2 顆
白砂糖…40g
低筋麵粉…60g
糖粉…適量
黑咖啡…100ml

(a) ┌ 砂糖…10g
    │ 蘭姆酒…10ml
    └ 咖啡酒…10ml

起司醬…適量
可可粉…適量

起司醬

1　蛋黃加入砂糖，隔水加熱（水溫約50～60度）打發至米白色。

2　在作法〔1〕中加入馬斯卡彭起司、香草精、蘭姆酒，用刮刀拌壓混合均勻。

3　混合植物性、動物性鮮奶油，打至約七分發的程度。

4　將作法〔2〕加入作法〔3〕，用刮刀拌壓混合均勻，裝進擠花袋，備用。

迷你提拉米蘇

5　將雞蛋的蛋白與蛋黃分離，先用電動打蛋器打發蛋白，砂糖分成三次添加，攪打至打蛋器提起有鳥嘴狀的小彎勾即可。

6　蛋黃分次加入作法〔5〕中，每次加入後用電動打蛋器慢速攪打30秒，再加入過篩後的麵粉，以刮刀切拌的方式混合，不需過度翻拌，只要看不到麵粉即可。

7　將作法〔6〕裝進擠花袋，在烘焙紙上擠出長度約12公分的直條狀，表面撒上一層糖粉，放進烤箱，以180度烘烤15分鐘，出爐後放涼取下即完成手指餅乾。

飲品材料（1 杯）

• 橙酒提拉米蘇咖啡

濃縮咖啡…40ml

牛奶…120g

君度橙酒…10g

糖水…10g

起司醬…50g

冰塊…60g

可可粉…適量

橙皮…適量

市售手指餅乾…1 個

事前準備

• 烤箱預熱至 180 度

8　以摩卡壺萃取100ml黑咖啡，加入食材ⓐ，攪拌均勻，靜置放涼。

9　作法〔7〕的手指餅乾快速沾上作法〔8〕的咖啡液，表面擠上作法〔4〕的起司醬，再重複一次放上沾過咖啡液的手指餅乾，擠上起司醬，撒上過篩的可可粉即完成。

濃縮咖啡

1　準備18g中深度烘焙咖啡豆，研磨度至少比手沖咖啡的粉細一倍。

2　小心將咖啡粉倒入濾杯中，用手輕拍數下後，再用手指將表面整平。

3　在下壺倒入80ml煮沸的熱水*。

4　濾杯放入下壺，用濕布將上下壺組合，並確保鎖緊。

5　摩卡壺放到瓦斯爐上，打開上蓋，開小火加熱。

6　待咖啡從上壺流出後，約5秒鐘即可關火，咖啡會從上壺持續流出直到結束。

＊沸水注入到下壺後會降溫，約為攝氏 94 度左右，不需擔心水溫過高。

橙酒提拉米蘇咖啡

7　依序在杯中倒入君度橙酒、冰塊、糖水。

8　在作法〔7〕中加入牛奶，攪拌均勻。

9　緩緩倒入作法〔6〕的濃縮咖啡，做出分層效果。

10　倒入起司醬、撒上過篩可可粉，加入少許橙皮裝飾，表面放上手指餅乾即完成。

memo

摩卡壺的萃取方式因為有壓力這項因素存在，所以相較於手沖萃取，更能煮出濃郁的咖啡。市面上的摩卡壺有許多款式類型，分為有聚壓和無聚壓兩種，有聚壓因為壓力增加的關係，煮出來的咖啡會更接近濃縮咖啡，不過由於它的壓力大約只有 2 ～ 3bar，與真正義式咖啡機製作的濃縮咖啡相比還是有段距離。

6

補氣養血、香甜鬆軟
紅棗核桃蛋糕

紅棗益氣養血，對於女性補血很有功效，
香甜的紅棗蛋糕、一杯溫暖的紅棗茶，蛋糕也能食補養生。

———————— Jujube Fruit Walnut Cake ————————

材料

14cm 方形烤模

- 棗泥

紅棗…200g
水…600ml

- 麵糊

雞蛋…2 顆
低筋麵粉…60g
紅糖…30g
鹽…1g
泡打粉…3g
植物油…40g
棗泥…90g
核桃…50g
白芝麻…15g

事前準備

- 烤箱預熱至 160 度

memo

剩餘的棗泥可分裝在冰塊製冰盒中冷凍保存。平時可取一顆以熱水沖泡成紅棗茶飲用。

棗泥

1　鍋中倒入紅棗，再加入紅棗三倍的水量，待水滾煮沸後，改用中火燉煮30〜40分鐘，此時紅棗顏色會比較深一些，關火，蓋上鍋蓋，靜置1小時。

2　紅棗靜置後吸收了更多水分，打開鍋蓋，將紅棗另一面翻面吸收水分，蓋上鍋蓋，繼續靜置1小時。經過長時間浸泡的紅棗會變得圓潤飽滿，接著即可用手進行脫皮及去棗核。

3　將作法〔2〕倒入食物調理機中打成泥狀，棗泥即完成。

麵糊

4　核桃切碎備用。

5　將麵粉、泡打粉、鹽過篩備用。

6　碗中打入2顆雞蛋，加入紅糖，用電動攪拌棒打發全蛋，將蛋液打發到攪拌棒提起時，蛋糕滴落有厚重感即可。

7　將作法〔5〕倒入作法〔6〕，快速地將麵糊混合。

8　作法〔3〕的棗泥加入作法〔7〕中，攪拌均勻。

9　在作法〔8〕中倒入植物油，用刮刀混合成細膩滑順的狀態，接著倒入作法〔4〕的核桃碎混合均勻。

10　將作法〔9〕倒入鋪有烘焙紙的烤模。

11　在麵糊表面撒些白芝麻，放進烤箱，以160度烘烤40分鐘即完成。

7

頂級絲滑、茶香餘存

抹茶生巧克力

「抹茶」對我而言就像美味的關鍵字，
只要跟抹茶相關的食物都難以抗拒它的魅力。
使用頂級小山園抹茶粉製作的生巧克力，茶香濃郁、色澤飽滿豔麗，
入口即化的頂級絲滑感受，吃過一次就無法抗拒。

———————————— Matcha Nama Chocolate ————————————

材料

14cm 方形烤模

法芙娜白巧克力…200g
動物性鮮奶油…70g
無鹽奶油…10g
小山園抹茶粉…10g
裝飾抹茶粉…適量

1　白巧克力切成碎片，無鹽奶油切小塊備用。

2　準備一個小湯鍋，倒入鮮奶油，開中小火煮至即將沸騰時關火。

3　作法〔1〕的白巧克力倒入作法〔2〕，用刮刀不斷攪拌至白巧克力完全融化。

4　準備一個大深鍋，鍋內倒入熱水，將作法〔3〕的湯鍋移到深鍋中，以隔水加熱的方式保持恆溫，倒入過篩的抹茶粉，用刮刀拌勻，接著放入作法〔1〕的奶油丁攪拌至質地滑順的狀態。

5　烤模內鋪上烘焙紙，倒入作法〔4〕，輕輕在桌面上震一下，將氣泡震出，放進冰箱冷藏3小時以上。

6　待冷藏完成後，刀子沾上熱水後擦乾，取出作法〔5〕，切成方塊狀，最後過篩撒上抹茶粉即完成。

＊要切出乾淨俐落的切線，刀子每切一次，都必須沾回熱水，擦乾後再切下一刀。

memo

好吃的抹茶生巧克力，製作關鍵在於原料品質，抹茶粉的等級會直接影響成品的味道與口感，生巧克力的保存期限較短，室溫放置過久會逐漸軟化，品嚐時請抓緊最佳賞味時間。

8

法式家常傳統甜點

諾曼地蘋果塔

將傳統塔皮替換成較健康的燕麥塔皮，
烤出偏焦化的蘋果片，搭配濕潤酸甜的果泥餡，香甜又美味！

———— *Apple Tart Normande* ————

材料（1 人份）

14cm 菊花派盤

• 燕麥塔皮

ⓐ
- 燕麥片…50g
- 杏仁粉…20g
- 全麥麵粉…30g
- 椰子油…35g
- 紅糖…10g
- 蜂蜜…20g

• 內餡 & 裝飾

蘋果（小）…2 ～ 3 顆
檸檬汁…15ml
無鹽奶油…15g
蘭姆酒…10ml

ⓑ
- 玉米粉…5g
- 肉桂粉…5g
- 黃砂糖…20g

融化奶油…10g
黃砂糖…5g
杏桃果膠…適量

事前準備

• 烤箱預熱至 180 度

塔皮

1 將食材ⓐ倒入食物調理機中打勻，備用。

2 在派盤上刷油，將作法〔1〕裝入派盤中，用湯匙或手整型，塔模邊緣可以稍微厚一點。

3 放進烤箱，以180度烘烤10分鐘定型。

內餡 & 裝飾

4 取1顆蘋果切丁，加入檸檬汁，倒入食物調理機中打成泥狀。另取1～2顆蘋果切成薄片，滴上檸檬汁以防變色。

5 鍋中倒入作法〔4〕的蘋果泥，將食材ⓑ混合後倒入鍋中，加入奶油，以中火加熱攪拌，鍋內開始起泡時即可關火，加入蘭姆酒混合拌勻，倒入碗中備用。

6 將作法〔5〕的內餡倒入烤好的作法〔3〕塔皮上，用刮刀抹平表面。

7 擺上作法〔4〕的蘋果片，蘋果片分成大、中、小尺寸，從外圍開始一圈一圈疊放，越往內圈的蘋果片越小。完成後刷上融化奶油，撒上砂糖。塔皮邊緣可用鋁箔紙包住，以防二次回烤顏色太深。接著放進烤箱，以180度烘烤40～50分鐘，出爐放涼後刷上杏桃果膠即完成。

memo

杏桃果膠帶有淡淡的杏桃香氣，常用於水果塔或蛋糕表面，可增加亮澤度、防潮並延長保存時間，需加入 1:1 熱水融化煮開後再使用。

9

風靡全世界的蛋糕
迷你巴斯克乳酪蛋糕

《紐約時報》讚賞的2019年度甜點！
帶有些許焦香味與焦黑的表面，正是它的迷人之處，
降低鮮奶油用量的輕盈版巴斯克，絕對適合喜歡乳酪蛋糕的你。

—————— *Mini Basque Burnt Cheesecake* ——————

材料（4個）

馬芬烤模

奶油乳酪…200g
白砂糖…60g
雞蛋…1 顆
蛋黃…1 顆
無糖優格…60ml
動物性鮮奶油…60ml
玉米粉…7g
香草莢…半根
ⓐ 牛奶…8ml
　　抹茶粉…3g
ⓑ 牛奶…8ml
　　可可粉…3g
ⓒ 冷凍綜合莓果…25g

事前準備

• 烤箱預熱至 220 度

1　砂糖加入室溫軟化的奶油乳酪，用刮刀壓拌混合到無砂糖顆粒。

2　在作法〔1〕中打入1顆雞蛋，攪拌均勻後，再打入1顆蛋黃，攪拌到麵糊順滑均勻。

3　在作法〔2〕中倒入無糖優格與鮮奶油，攪拌均勻後再篩入玉米粉攪拌。

4　取半根香草莢，從中心用刀劃開，撥開香草莢，用刀背將香草籽刮起來，放入作法〔3〕中拌勻。

5　將作法〔4〕的基礎麵糊過篩分成四份，原味香草麵糊完成，接著再製作另外三款口味：
　　ⓐ抹茶粉倒入熱牛奶中混合成糊狀，加入麵糊中拌勻。
　　ⓑ可可粉倒入熱牛奶中混合成糊狀，加入麵糊中拌勻。
　　ⓒ冷凍綜合莓果解凍後，與麵糊一起用食物調理機打勻，以上共四款口味巴斯克完成。

6　烘焙紙剪成四張方型，用杯子壓進烤模內，倒入四款麵糊約八分滿位置，在桌面輕震幾下敲打出氣泡，放進烤箱，以220度烘烤20～25分鐘。

7　烤好的巴斯克乳酪蛋糕冷卻後，連同烘焙紙一起放進冰箱，冷藏2小時以上或隔夜即完成。

memo

抹茶粉與可可粉不直接加入麵糊，而是先與少量的熱牛奶混合，這樣做能更快速地與麵糊融合均勻，減少過度攪拌的次數。若只製作單一口味的巴斯克，可將抹茶粉或可可粉在作法〔3〕中與玉米粉一起過篩加入即可。

10

冬季限定的夢幻浮雲

草莓生乳捲

草莓控等待一年才能吃到的草莓生乳捲，
如空氣般柔軟的海綿蛋糕，
香醇豐厚的鮮奶油，與整顆新鮮草莓夾餡，
在家也能復刻出夢幻蛋糕捲。

—— *Strawberry Cream Roll Cake* ——

材料（1 條）

33cm 方形烤盤

• 蛋糕
雞蛋⋯4 顆
植物油⋯40g
牛奶⋯40g
低筋麵粉⋯40g
檸檬汁⋯3-4 滴
白砂糖⋯40g

• 內餡
動物性鮮奶油⋯270ml
馬斯卡彭起司⋯60ml
煉乳⋯40g
草莓⋯6 顆

• 裝飾
草莓⋯4 顆

事前準備

• 烤箱預熱至 160 度

1　將雞蛋的蛋白與蛋黃分離，蛋白打入料理盆中，並放進冰箱冷藏。

蛋黃糊

2　料理盆中倒入植物油與牛奶，混合攪拌至乳化狀態。

3　在作法〔2〕中篩入低筋麵粉，以切拌的方式混合。

4　在作法〔3〕中加入作法〔1〕的蛋黃，一樣以切拌的方式混合至蛋黃均勻被麵糊吸收。

蛋白霜

5　從冰箱取出作法〔1〕的蛋白，盆中滴入3～4滴檸檬汁。

6　首先使用電動打蛋器慢速打出大顆泡泡，加入第一次砂糖；接著轉中速攪打，當泡沫變得比較細緻時，加入第二次砂糖；繼續攪打至表面開始起紋路，倒完剩下的砂糖，繼續攪打至打蛋器提起有鳥嘴狀的小彎勾即可。

混合麵糊

7　先取⅓作法〔6〕的蛋白霜，倒入作法〔4〕的蛋黃糊中，用刮刀以切拌的方式混合，再全部倒回作法〔6〕的蛋白霜內翻拌均勻。

8　將作法〔7〕倒入鋪上不沾布的烤盤裡，用刮板抹平表面，在桌面輕震幾下敲打出氣泡，放進烤箱，以160度烘烤20～25分鐘。

9　完成後從烤箱取出，蛋糕連同不沾布一起放到散熱架上，在蛋糕表面蓋上一大張的烘焙紙，等待冷卻。

內餡

10　將新鮮草莓清洗擦乾，去除蒂頭。

11　鮮奶油、馬斯卡彭起司、煉乳倒入盆中，用電動打蛋器攪打至出現紋路、質地硬挺的狀態即可。（若要在表面擠花做裝飾，請預留鮮奶油的用量。）

12　將作法〔9〕的蛋糕翻面倒扣（烘焙紙在下），撕去不沾布，將作法〔11〕的鮮奶油用抹刀抹在蛋糕上，抹的分量要上薄下厚，厚的位置整齊並列的擺放上作法〔10〕的草莓，接著再抹上鮮奶油覆蓋住草莓。

捲蛋糕

13　雙手提起有草莓那端的烘焙紙，快速地往前捲起，接著用手穩定扶住蛋糕，再順勢往前捲一圈，最後利用擀麵棍或刮板輔助，將烘焙紙包緊蛋糕定型，整理出漂亮的圓形狀。

14　將包好烘焙紙的蛋糕捲，放冰箱冷藏1小時以上，冷藏定型後取下烘焙紙，切除頭尾兩端，表面再擠上鮮奶油，擺上裝飾草莓即完成。

memo

• 生乳捲的「生」在日文中是指新鮮的意思，內餡的鮮奶油需選用乳脂含量 35%以上來打發製作，在打發鮮奶油中加入適量的馬斯卡彭起司，味道濃郁又不膩口，同時在打發時，鮮奶油的硬度也較高，在捲蛋糕時有助於塑型。

• 成功打發鮮奶油的重要關鍵，就是全程保持低溫，因為低溫可使鮮奶油更快乳化，建議可先將打蛋頭、打發鋼盆放進冰箱中，鮮奶油也是需要時再從冰箱取出。

11

橙意滿滿的香甜食光

鮮橙曲奇餅 & 柳橙冰美式

酥脆到掉渣的曲奇餅乾配上鮮甜多汁的柳橙片，
一口咬下滿滿清新橙香從嘴裡綻放開來，
搭配冰爽的柳橙冰美式咖啡，春夏秋冬都好適合品嚐！

——— Orange Cookie & Orange Ice Americano ———

材料（8 片）

6cm 圓形切模

• 鮮橙曲奇餅
低筋麵粉…130g
無鹽奶油…70g
鹽…1g
糖粉…30g
雞蛋…1 顆
香吉士…1 ～ 2 顆

飲品材料（1 杯）

• 柳橙冰美式
濃縮咖啡…40ml
新鮮柳橙汁…200g
冰塊…70g
糖水…10g
柳橙片…4 片

鮮橙曲奇餅

1　將無鹽奶油放到室溫完全軟化後，加入糖粉，用刮刀壓拌混合均勻。

2　在碗中打散常溫雞蛋，分2～3次倒入作法〔1〕中，攪拌至完全乳化，再篩入低筋麵粉、鹽，以及整顆香吉士皮屑，用刮刀翻拌成團。

3　將作法〔2〕的麵團放進保鮮袋，用擀麵棍擀成薄薄一層（厚度約0.3cm），放進冰箱冷凍30分鐘。

4　將香吉士去皮，切成薄片（厚度約0.3cm），切好的橙片用廚房紙巾兩面吸乾水分，備用。

5　從冰箱取出作法〔3〕，用圓形切模切下，放到烘焙紙上，再把作法〔4〕的橙片放在餅乾上，最後撒上糖粉，放進烤箱，以160度烘烤25～30分鐘即完成。

柳橙冰美式

1　以摩卡壺萃取濃縮咖啡。

2　在杯中放入冰塊、柳橙汁、柳橙3片、糖水，攪拌均勻。

3　緩緩倒入作法〔1〕的濃縮咖啡，做出分層效果。

4　杯緣放上柳橙片點綴裝飾即完成。

＊濃縮咖啡作法請參見 P.94。

12

金秋最豐收的栗子

紅茶栗子費南雪

療癒可愛的栗子造型，包裹著淡淡紅茶香的栗子餡，
採收秋季最溫潤甜蜜的午茶時光。

Black Tea Chestnut Financier

材料（9個）

栗子蛋糕模

• 紅茶栗子醬
市售甘栗⋯150g
紅茶包⋯3 包
白砂糖⋯10g
動物性鮮奶油⋯20ml
無鹽奶油⋯12g

• 可可費南雪
無鹽奶油⋯120g
白砂糖⋯90g
蛋白⋯120g（約 4 顆）
杏仁粉⋯50ml
低筋麵粉⋯45ml
可可粉⋯3g

事前準備

• 可預先製作栗子醬
• 烤箱預熱至 190 度

memo
傳統費南雪為長條外型，可運用
不同造型的烤模，讓外型更加分。

紅茶栗子醬

1　鍋中放入栗子、紅茶包，加水蓋過栗子，蓋上鍋蓋煮滾。

2　煮滾之後取出紅茶包，蓋回鍋蓋以小火繼續悶煮10分鐘，測試栗子的軟爛程度，一夾就粉粹的狀態即可。

3　鍋內的紅茶水瀝出備用，煮軟的栗子放進食物調理機打碎，中間可分次添加紅茶水，直到栗子打成均勻泥狀。

4　將作法〔3〕中的栗子泥倒入不沾鍋，加入糖、鮮奶油、無鹽奶油，開中小火用刮刀不斷攪拌，炒至刮刀提起時栗子醬緩慢掉落即可，放涼後放入密封罐冷藏保存。

可可費南雪

5　不鏽鋼鍋內放入無鹽奶油，持續加熱直到焦化呈半透明褐色，再將焦化奶油過濾掉掉底部的殘渣，放涼備用。

6　盆中加入室溫的蛋白、砂糖，攪拌混合均勻，再加入過篩的杏仁粉、低筋麵粉、可可粉，充分攪拌均勻。

7　將作法〔5〕的焦化奶油倒入作法〔6〕中，攪拌至順滑狀態後，蓋上保鮮膜，放進冰箱冷藏30分鐘以上。

8　將作法〔4〕的栗子泥搓成小圓球（栗子餡），從冰箱取出作法〔7〕的麵糊，倒入一半麵糊在烤模內，中間放上栗子餡，再倒入麵糊蓋住栗子餡，約八分滿位置即可。

9　放進烤箱，以190度烘烤12分鐘，出爐後倒扣在散熱架上放涼即完成。

13

流傳數世紀的法式小蛋糕
蜂蜜檸檬瑪德蓮

源自法國十八世紀極具代表性的常溫小蛋糕，
有著優雅的貝殼外型與可愛的凸肚臍，
用最單純的材料，做出讓人魂牽夢縈的法式甜點，
是屬於法國人共同回憶的家傳甜點之一。

———— Honey Lemon Madeleine ————

材料（25 個）

瑪德蓮烤模

低筋麵粉…250g
白砂糖…130g
泡打粉…10g
無鹽奶油…250g
雞蛋…2 顆
牛奶…75ml
蜂蜜…40g
檸檬…1 顆

事前準備

• 烤箱預熱至 200 度

1　將無鹽奶油置於室溫下，使完全軟化。

2　用鹽把檸檬表皮搓洗乾淨，刨下整顆檸檬皮到碗中，加入30g砂糖混合成檸檬糖，另擠出檸檬汁30ml備用。

3　將雞蛋、100g砂糖、蜂蜜倒入盆中，用打蛋器攪打均勻，注意不要將蛋液打發。

4　將麵粉倒入作法〔3〕，順時針攪拌均勻，接著倒入作法〔2〕的檸檬糖與檸檬汁，繼續攪拌，等麵糊略成形後，加入泡打粉與牛奶，混合均勻。

5　將作法〔1〕軟化的奶油，用刮刀壓軟（呈膏狀），如果奶油還很硬，可微波加熱一下，但不要讓奶油融化成液體。

6　將作法〔5〕壓軟後的奶油倒入作法〔4〕的麵糊中，繼續用刮刀拌勻，直到麵糊呈滑順且紮實的狀態。再將麵糊蓋上保鮮膜，放進冰箱，冷藏2小時以上或隔夜。

7　取出作法〔6〕冷藏後的麵糊，用湯匙挖到瑪德蓮烤模中約八分滿位置，放進烤箱，以200度烘烤10分鐘，出爐後倒扣在散熱架上放涼即完成。

＊一般家用小烤箱可將溫度調整為 180 度，烘烤 12 ～ 15 分鐘。

memo
好吃的瑪德蓮口味豐富變化多，可在麵糊中加入伯爵茶、可可粉、抹茶粉等，或者搭配內餡、淋醬，就能做出風味百變的瑪德蓮。

14

成熟大人系甜點
紅酒洋梨磅蛋糕

冷冷的冬天，懷念起聖誕市集的香料熱紅酒，
藉著法式甜點紅酒燉洋梨，讓普通磅蛋糕晉升為成熟大人系的酒香磅蛋糕吧！

────────── *Red Wine Pears Pound Cake* ──────────

材料（1 條）

21cm 磅蛋糕烤模

• 紅酒燉洋梨

西洋梨…2 顆

紅酒…300ml

@　黃砂糖…40g
　　鹽…1g
　　八角…2 個
　　肉桂棒…1 根
　　柳橙皮…1/2 顆

• 紅酒磅蛋糕

無鹽奶油…90g

紅糖…60g

雞蛋…2 顆

低筋麵粉…110g

泡打粉…4g

鹽…1g

紅酒醬汁…10ml

紅酒糖漿…適量

事前準備

• 烤箱預熱至 170 度

紅酒燉洋梨

1　不鏽鋼鍋內倒入紅酒，以及食材@（也可使用市售熱紅酒包），煮滾後轉小火煮5分鐘。

2　西洋梨削皮，保留梗部，放入作法〔1〕中，以中小火煮約40分鐘，梨子必須浸泡在紅酒中，如果鍋子直徑太大無法完整浸泡，則要適時的翻面。

3　煮好的梨子小心盛起，先取鍋中10ml的紅酒備用。製作紅酒糖漿：繼續將剩下的紅酒煮至濃稠，過濾後備用。

紅酒磅蛋糕

4　將室溫軟化的奶油，用打蛋器攪拌，再倒入砂糖攪拌至沒有結塊。

5　碗中打散雞蛋，分3～4次倒入作法〔4〕中攪拌。

6　在作法〔5〕中加入過篩後的麵粉、泡打粉與鹽，使用刮刀充分拌勻，接著倒入作法〔3〕預留的紅酒汁拌勻。

7　在磅蛋糕烤模內抹上奶油，倒入作法〔6〕的麵糊至七分滿，接著在麵糊中插入作法〔3〕的紅酒燉洋梨。

8　放進烤箱，以170度烘烤35分鐘，出爐後讓蛋糕在烤模中靜置冷卻，取出後在表面刷上一層作法〔3〕的紅酒糖漿即完成。

memo　刷上紅酒糖漿的磅蛋糕，除了頂部外，用保鮮膜包好放在密封盒內，放進冰箱冷藏 2～3 天後品嚐更美味。

15

白朗峰上的蒙布朗

蒙布朗 & 栗子康寶藍

以阿爾卑斯山「白朗峰」命名的法國知名甜點，
用創意與巧思變化成栗子雙重奏的下午茶點，
身為栗子控的你一定要品嚐這道夢幻組合。

──── Mont Blanc Cakes & Chestnut Con Panna ────

材料（4 個）

圓形凹槽烤模

• 栗子泥
市售熟甘栗…150g
砂糖…15g
動物性鮮奶油…45ml
蘭姆酒…10ml
無鹽奶油…12g

• 栗子香緹
栗子泥…100g
香草莢…1/3 根
動物性鮮奶油…230ml
白砂糖…15g
吉利丁片…2g

• 可可馬芬
雞蛋…1 顆
白砂糖…50g
植物油…25g
無糖優格…55ml
泡打粉…2g
低筋麵粉…55g
可可粉…10g

栗子泥

1　鍋中放入栗子，加適量水蓋過栗子，蓋上鍋蓋煮滾。

2　煮滾之後繼續悶煮約10分鐘，測試栗子的軟爛程度，一夾就粉粹的狀態即可。煮軟的栗子放進食物調理機打碎，中間可分次添加鍋內水，直到栗子打成均勻泥狀。

3　將作法〔2〕的栗子泥倒入不沾鍋，加入糖、鮮奶油、蘭姆酒、無鹽奶油，開中小火用刮刀拌勻後即可關火。

栗子香緹

4　吉利丁片提前泡冷水，備用。

5　鍋中倒入鮮奶油、砂糖、香草莢，煮滾後關火，降溫到60度左右時，放入作法〔4〕泡軟的吉利丁攪拌均勻。

6　在作法〔5〕中加入作法〔3〕的栗子泥，用刮刀拌勻，蓋上保鮮膜放進冰箱冷藏一夜，使用時再打至八分發即可。

可可馬芬

7　雞蛋打入料理盆中，加入砂糖攪拌均勻。

8　在作法〔7〕倒入植物油混合，加入無糖優格攪拌均勻。

9　混合低筋麵粉、可可粉與泡打粉，過篩倒入作法〔8〕中，繼續攪拌均勻。

飲品材料（1杯）

• 栗子康寶藍
濃縮咖啡…40g
白砂糖…5g
栗子香緹…10g
糖漬栗子丁…適量

事前準備
• 前一晚製作栗子香緹
• 烤箱預熱至180度

10　將攪拌好的麵糊倒入烤模內，放進烤箱，以180度烘烤20～25分鐘，出爐後放涼備用。

組合蒙布朗

11　從冰箱取出作法〔6〕的栗子香緹，用電動打蛋器打至八分發。

12　在作法〔10〕的蛋糕上，用抹刀抹上作法〔11〕的栗子香緹，中間擺一顆栗子，再繼續抹上栗子香緹，將栗子覆蓋住，最後將表面修整得像一座小山。

13　將作法〔3〕的栗子泥裝入擠花袋中，以繞圓方式擠上栗子泥，最後於頂端擠上少量的栗子香緹，再擺上一顆糖漬栗子裝飾即完成。

栗子康寶藍

1　以摩卡壺萃取濃縮咖啡，在杯中加入白砂糖攪拌均勻。

2　從冰箱取出作法〔6〕的栗子香緹，用電動打蛋器打至八分發，放入擠花袋中，擠在咖啡上。

3　將糖漬栗子切成小丁狀，撒在表面裝飾即完成。

＊濃縮咖啡作法請參見 P.94。

memo

• 栗子泥從冰箱取出時質地偏硬，需要使用時可放到微波爐加熱，或是用電鍋、隔水加熱的方式回溫。

• 製作糖漬栗子：準備栗子、黃砂糖、水，比例為 1:1:0.6。甜度可依個人喜好調整，鍋中放入上述食材，煮滾後關火悶 1～2 小時，並重複悶煮三次，直到鍋內的水分變少且濃稠，放涼後即可裝入乾淨的密封罐中，放置冰箱保存。

LA COPA OSCURA
深杯子

整個空間大量採取大地紅土當作主色系，外牆噴灑性格紅色石頭漆，呈現南歐陽光充足與乾燥涼爽的狀態，映入眼簾是溫暖的柔光，一種歡迎回家的溫柔質地，回的不是實體的家，而是自己心中的那個家。

「回歸」是我們出生後就直接踏上的路程，找尋自己的定位，慢慢來，深杯子概念店不是讓你逃避的地方，而是讓你放鬆與再出發的秘密基地。

我們每月推出 4-5 款單杯精選酒款套組，從不同主題到各式葡萄酒款推薦（紅酒／粉紅酒／白酒／橘酒等）點杯小酒，一些地中海輕食，不定時舉辦品酒活動，跟著深杯子共同漂浮漫遊在葡萄酒的仙境。

掃描下載深杯子購物 APP
結帳輸入【CTBOOK】享全館滿千折百
優惠至 2022.12.31 止

禁止酒駕 飲酒過量・有害健康

Denby是來自於英國百年工藝品牌，創立於1809年且於英國設計製作，產品需經過至少20雙英國工匠的雙手打造而成，透過傳承200年的精湛工藝與現代科技，成就美觀且實用的美學器皿並享譽全球。

多禮名店　洽詢電話(02)2782-7712　www.curio.com　f 居禮名店

可烤箱　可微波　可冷凍　洗碗機

✂

NT200 抵用券

憑本截角至全省百貨居禮名店專櫃購買Denby餐瓷，享滿1千元抵200元優惠

使用期限：即日起至2022/12/31止

注意事項：1.本截角限使用一次　2.折扣不可與其他優惠同時使用　3.居禮名店保有活動最終變更及解釋權

1ZPRESSO
K-MAX 手搖磨豆機

48MM 不鏽鋼刀盤

Designed for Pour Over/Espresso

免工具即可拆解
拆裝便利，清潔更徹底

120段刻度調整
手沖義式都能支援

24顆磁鐵
南北極交錯排列
一轉即開 毫不費力

了解更多請掃我

愛康實業有限公司　聯絡電話：02-80763650　　地址：新北市土城區亞洲路128號

ZWILLING

真空保鮮 才是有效保鮮
萬名網友好評推薦!!
一鍵抽真空，分裝保鮮輕鬆搞定

掃碼觀看影片

抽真空前

抽真空後

未真空保存7天

真空保存7天

*保鮮程度需同時考慮食材本身的新鮮度以及儲存環境條件

■ 德國雙人Fresh&Save 智能真空保鮮系列

真空保鮮盒

真空酒瓶塞

真空抽氣棒　　　真空保鮮袋　　　真空破壁調理機

截角禮品券

憑此禮品券至德國雙人銷售據點
單筆消費3000元
即可贈送 STAUB 鍋型磁鐵乙個

＊每券限送乙個，限量送完為止

注意事項：
1. 活動至 2022.12.31 止
2. 本券限用台灣地區實體銷售據點
3. 德國雙人客服專線02-87519918

五味坊 124

一人食光

小廚房也能輕鬆做，50道好吃又好拍、兼顧健康又暖心的輕食料理

作　　　者／曲文瑩
攝　　　影／璞真奕睿影像

總 編 輯／王秀婷
主　　編／洪淑暖
版　　權／徐昉驊
行 銷 業 務／黃明雪、林佳穎

發 行 人／凃玉雲
出　　　版／積木文化
　　　　　　104台北市民生東路二段141號5樓
　　　　　　官方部落格：http://cubepress.com.tw/
　　　　　　電話：(02) 2500-7696　　傳真：(02) 2500-1953
　　　　　　讀者服務信箱：service_cube@hmg.com.tw

發　　　行／英屬蓋曼群島商家庭傳媒股份有限公司城邦分公司
　　　　　　台北市民生東路二段141號5樓
　　　　　　讀者服務專線：(02)25007718-9　24小時傳真專線：(02)25001990-1
　　　　　　服務時間：週一至週五上午09:30-12:00、下午13:30-17:00
　　　　　　郵撥：19863813　　戶名：書虫股份有限公司
　　　　　　網站：城邦讀書花園　網址：www.cite.com.tw

香港發行所／城邦（香港）出版集團有限公司
　　　　　　香港灣仔駱克道193號東超商業中心1樓
　　　　　　電話：852-25086231　　傳真：852-25789337
　　　　　　電子信箱：hkcite@biznetvigator.com

馬新發行所／城邦（馬新）出版集團 Cite (M) Sdn Bhd
　　　　　　41, Jalan Radin Anum, Bandar Baru Sri Petaling,
　　　　　　57000 Kuala Lumpur, Malaysia.
　　　　　　電話：603-90578822　　傳真：603-90576622
　　　　　　email: cite@cite.com.my

美 術 設 計／曲文瑩
製 版 印 刷／上晴彩色印刷製版有限公司

感謝以下單位協助拍攝
深杯子概念店 la copa oscura
1Zpresso 愛康實業有限公司
居禮名店CURIO BOUTIQUE
台灣雙人股份有限公司

城邦讀書花園
www.cite.com.tw

國家圖書館出版品預行編目（CIP）資料

一人食光：小廚房也能輕鬆做，50道
好吃又好拍、兼顧健康又暖心的輕食
料理／曲文瑩著. -- 初版. -- 臺北
市：積木文化出版：英屬蓋曼群島商
家庭傳媒股份有限公司城邦分公司發
行，2022.03
128面；17×23公分. --（五味坊
；124）
ISBN 978-986-459-390-3（平裝）

1.CST: 食譜

427.1　　　　　　　111001307

印刷版

2022年3月24日 初版一刷
定價／380元
ISBN 978-986-459-390-3
版權所有・翻印必究

電子版

2022年3月
ISBN 978-986-459-389-7（EPUB）
有著作權・侵害必究
Printed in Taiwan.

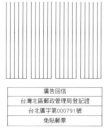

廣告回信
台灣北區郵政管理局登記證
台北廣字第000791號
免貼郵票

積木文化

104 台北市民生東路二段141號5樓

英屬蓋曼群島商家庭傳媒股份有限公司　城邦分公司

請沿虛線對摺裝訂，謝謝！

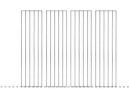

部落格	**CubeBlog**
	cubepress.com.tw
臉　書	**CubeZests**
	facebook.com/CubeZests
電子書	**CubeBooks**
	cubepress.com.tw/books

積木生活實驗室

部落格、facebook、手機app
隨時隨地，無時無刻。

非常感謝您參加本書抽獎活動，誠摯邀請您填寫以下問卷，並寄回積木文化
（免付郵資）抽好禮。積木文化謝謝您的鼓勵與支持。

1. 購買書名：_____

2. 購買地點：□書店，店名：_____，地點：_____縣市
　　□書展 □郵購 □網路書店，店名：_____ □其他_____

3. 您從何處得知本書出版？
　　□書店 □報紙雜誌 □ DM 書訊 □朋友 □網路書訊　部落客，名稱_____
　　□廣播電視 □其他_____

4. 您對本書的評價（請填代號 1 非常滿意 2 滿意 3 尚可 4 再改進）
　　書名_____　內容_____　封面設計_____　版面編排_____　實用性_____

5. 您購書時的主要考量因素：（可複選）
　　□作者 □主題 □口碑 □出版社 □價格 □實用 其他_____

6. 您習慣以何種方式購書？□書店 □書展 □網路書店 □量販店 □其他_____

7-1. 您偏好的飲食書主題（可複選）：
　　□入門食譜 □主廚經典 □烘焙甜點 □健康養生 □品飲(酒茶咖啡) □特殊食材 □ 烹調技法
　　□特殊工具、鍋具，偏好 □不銹鋼 □琺瑯 □陶瓦器 □玻璃 □生鐵鑄鐵 □料理家電（可複選）
　　□異國／地方料理，偏好 □法 □義 □德 □北歐 □日 □韓 □東南亞 □印度 □美國（可複選）
　　□其他_____

7-2. 您對食譜／飲食書的期待：（請填入代號 1 非常重要 2 重要 3 普通 4 不重要）
　　作者知名度_____ 主題特殊／趣味性_____ 知識＆技巧_____ 價格_____ 書封版面設計_____
　　其他_____

7-3. 您偏好參加哪種飲食新書活動：
　　□料理示範講座 □料理學習教室 □飲食專題講座 □品酒會 □試飲會 □其他_____

7-4. 您是否願意參加付費活動：□是 □否；（是──請繼續回答以下問題）：
　　可接受活動價格：□ 300-500 □ 500-1000 □ 1000 以上 □視活動類型上 □無所謂
　　偏好參加活動時間：□平日晚上 □週五晚上 □周末下午 □周末晚上

7-5. 您偏好如何收到飲食新書活動訊息
　　□郵件文宣 □ EMAIL 文宣 □ FB 粉絲團發布消息 □其他_____

★歡迎來信 service_cube@hmg.com.tw 訂閱「積木樂活電子報」或加入 FB「積木生活實驗室」

8. 您每年購入食譜書的數量：□不一定會買 □ 1~3 本 □ 4~8 本 □ 9 本以上

9. 讀者資料 · 姓名：_____
　 · 性別：□男 □女　· 電子信箱：_____
　 · 收件地址：_____

（請務必詳細填寫以上資料，以確保您參與活動中獎權益！如因資料錯誤導致無法通知，視同放棄中獎權益。）
　 · 居住地：□北部 □中部 □南部 □東部 □離島 □國外地區
　 · 年齡：□ 15 歲以下 □ 15~20 歲 □ 20~30 歲 □ 30~40 歲 □ 40~50 歲 □ 50 歲以上
　 · 教育程度：□碩士及以上　□大專　□高中　□國中及以下
　 · 職業：□學生　□軍警　□公教　□資訊業　□金融業　□大眾傳播　□服務業　□自由業
　　　　　□銷售業　□製造業　□家管　□其他_____
　 · 月收入：□ 20,000 以下 □ 20,000~40,000 □ 40,000~60,000 □ 60,000~80000 □ 80,000 以上
　 · 是否願意持續收到積木的新書與活動訊息：□是　□否

非常感謝您提供基本資料，基於行銷及客戶管理或其他合於營業登記項目或章程所定業務需要之目的，家庭傳媒集團（即英屬蓋曼群商家庭傳媒股份有限公司城邦分公司、城邦文化事業股份有限公司、書虫股份有限公司、墨刻出版股份有限公司、城邦原創股份有限公司）於本集團之營運期間及地區內，將不定期以 MAIL 訊息發送方式，利用您的個人資料（資料類別 :C001、C002 等）於提供讀者產品相關之消費訊息，如您有依照個資法第三條或其他需服務之處，得致電本公司客服。我已經完全瞭解上述內容，並同意本人資料依上述範圍內使用。

_____ （簽名）